Gerhard Lang
Taschenbuch Verkehrsflugzeuge

W0247083

Ein kostenloses Gesamtverzeichnis erhalten Sie
beim
GeraMond Verlag
D-81664 München

www.geramond.de

Lektorat: Wolfgang Borgmann
Layout: BUCHFLINK Rüdiger Wagner, Nördlingen
Repro: Scanner Service
Herstellung: Thomas Fischer

Fotos stellten zur Verfügung:
Air Canada, Airbus Industrie, Air Littoral, Air Nos-
trum, ATR, Augsburg Airways, Martin Bach, Boe-
ing, Bombardier Regional Aircraft, Brit Air, British
Aerospace, British Airways, Embraer, Fairchild
Dornier, Werner Fischbach, Fokker, Harald M.
Helbig, KLM-Capital Photos, Kras Air, LAGL-Doku-
mentation, LAN Chile, Gerhard Lang, Lauda Air,
Lufthansa, Lufthansa Bildarchiv, Werner
Münzenmaier, Armin Reimold, Rheintalflug,
Saab, TUI, Bernd Vetter, Virgin Atlantic, Helmut
F. Walther

Dreiseitenansichten: Claus Backmann

GeraMond Verlag
Lektorat
Innsbrucker Ring 15
D-81673 München
e-mail: lektorat@geranova.de
Die Deutsche Bibliothek – CIP Einheitsaufnahme
Ein Titeldatensatz für diese Publikation ist bei der
Deutschen Bibliothek erhältlich.

© 2004 by GeraMond Verlag
Ein Unternehmen der
GeraNova Zeitschriftenverlag GmbH
München

Gerhard Lang

Taschenbuch Verkehrs- flugzeuge

Alle wichtigen Typen in Text und Bild

GeraMond

Inhalt

Geschichte des Luftverkehrs

1909–1914

Als erstes Luftverkehrsunternehmen der Welt kann die Deutsche Luftschiffahrts AG (Delag) bezeichnet werden, die am 16. Oktober 1909 in Frankfurt a.M. gegründet wurde. An der Delag war die Luftschiffbau Zeppelin GmbH und die Hamburg-Amerika Linie HAPAG beteiligt. Sie stellte Mitte 1910 das Passagierluftschiff LZ 7 „Deutschland" in Dienst. Die LZ 7 konnte 24 Passagiere befördern. Bei Ausbruch des Ersten Weltkriegs mußte dieser Dienst jedoch eingestellt werden. Bis dahin hatte die Delag bei einer Flugzeit von insgesamt 3.139 Stunden 10.088 zahlende Passagiere über eine Strecke von 172.535 km befördert.

Als am 1. Januar 1914 um 10 Uhr ein Benoist Flugboot in St.Petersburg in Florida nach Tampa startete, war dies die Eröffnung des regelmäßigen Passagier-Luftverkehrs mit Luftfahrzeugen schwerer als Luft.

1916–1919

In England wurde am 5. Oktober 1916 die Aircraft Transport and Travel Ltd. (AT&T) gegründet. Nach der Beendigung des Ersten Weltkriegs nahm diese Gesellschaft mit einer de Havilland D.H.16 am 25. August 1919 auf der Strecke London–Paris den Luftverkehr auf. Am gleichen Tag flog auch eine Handley Page O/400 der Handley Page Transport nach Paris. Der Flugverkehr wurde bei Handley Page Transport allerdings erst am 2. September 1919 offiziell eröffnet. Bei beiden Flugzeugen handelte es sich, wie damals üblich, um umgebaute Militärflugzeuge.

Um für die Nachkriegszeit gerüstet zu sein wurde Ende 1917 die Deutsche Luftreederei (DLR) als Studiengesellschaft gegründet, unterstützt vom Elektrokonzern AEG, der bereits seit mehreren Jahren auch im Flugzeugbau tätig war. In der folgenden Zeit beteiligten sich auch die Deutsche Bank, Dornier, HAPAG und der Luftschiffbauer Zeppelin an der DLR. August Euler, der zu dieser Zeit Unterstaatssekretär des Reichsluftamtes war, erteilte am 5. Januar 1919 der DLR die Zulassung Nr.1 zum Luftverkehr. Diese Zulassung war zunächst auf die Zeit vom 10. Januar bis Ende Januar 1919 befristet und mit der Auflage verbunden, nur Tagesflüge durchzuführen, deren Ausgangspunkt Berlin war und am

Ein Passagier klettert für den Flug zünftig bekleidet auf dem Flugplatz Berlin-Johannisthal in eine LVG CVI der Deutschen Luft-Reederei

Diese Junkers F 13 der Lufthansa wird in Berlin zum Flug nach Breslau abgefertigt

selben Tag in Berlin wieder beendet werden mußten. Zwischenlandungen waren nicht erlaubt. Am 5. Februar 1919 eröffnete dann die DLR den planmäßigen Luftverkehr von Berlin-Johannisthal nach Weimar. Da dieser tägliche Flugdienst über einen längeren Zeitraum aufrechterhalten werden konnte, gilt er als der Beginn des Linienflugverkehrs.

Auf diesem Flug befanden sich allerdings noch keine Passagiere an Bord, dafür wurden 4.000 Exemplare der Zeitung „BZ am Mittag" befördert. Am 6. Februar startete eine LVG C VI zum ersten offiziellen Luftpostdienst von Berlin nach Weimar. Pilot war Otto Könnecke und als Beobachter war Herr Höhndorf an Bord. Für die rund 200 km lange Strecke benötigte das Flugzeug zwei Stunden. Neben der LVG C VI kamen noch AEG J II zum Einsatz.

Die LVG C VI war ein Doppeldecker und wurde von einem Benz-Motor angetrieben, der eine Leistung von 200 PS erreichte. Bei einer Geschwindigkeit von 160 km/h konn-

ten zwei Passagiere und 40 kg Luftpost befördert werden. Das Flugzeug hatte eine Flugmasse von 1.420 kg und eine Reichweite von rund 550 km. Bei der AEG J II handelte es sich ebenfalls um einen Doppeldecker. Diese wurden später mit Kabinenaufbauten versehen und erhielten dann die Bezeichnung AEG K. Die Fluggeschwindigkeit lag bei 150 km/h und es konnten bis zu 520 kg Nutzlast befördert werden. Die eingesetzten Maschinen waren umgebaute Militärflugzeuge, die zum Teil noch ihren Tarnanstrich trugen, nur das Balkenkreuz wurde übermalt. Am Rumpf befand sich der Schriftzug „DLR", die Postflagge und eine Zulassungsnummer. Das Markenzeichen der DLR wurde ein Kranich in einem Kreis. Entworfen hatte es Professor Otto Firle bereits 1918. Als die DLR in der Deutschen Luft-Hansa aufging, übernahm diese auch das Firmenlogo. Im ersten Monat wurden 120 Flüge ohne Unfälle durchgeführt, 18 davon konnten nicht planmäßig beendet werden. Die Flüge dienten in erster Linie dem Transport von Post und Zeitungen. Es wurden aber auch 19 Passagiere befördert.

Ab dem 1. März 1919 kamen dann noch regelmäßige Post- und Passagierflüge auf der Strecke Berlin–Hamburg und ab dem 15. April von Berlin ins Ruhrgebiet dazu. Letztere Strecke führte über Hannover nach Gelsenkirchen. Sehr beliebt war der Seebäderverkehr von Berlin nach Warnemünde, Eröffnung Mitte April 1919, und nach Swinemünde, Eröffnung Anfang Juli 1919. Die erste Linie, die nicht von Berlin ausging, war die Strecke von Hamburg nach Westerland. Auf diesen drei Strecken wurden teilweise Friedrichshafen FF 45 eingesetzt, die sechs Fluggästen Platz boten.

In der Zeit nach dem Ersten Weltkrieg versuchten auch viele andere Unternehmen, besonders Firmen, die selbst Flugzeuge bauten, im zivilen Luftverkehr Fuß zu fassen. So eröffnete Junkers im März 1919 die Linie Dessau nach Weimar. Edmund Rumpler gründete die Rumpler Luftverkehrs AG. Sie erhielt die Lizenz Nr. 4 des Reichsluftamtes zur Aufnahme des Flugverkehrs. Der erste Flug startete am 13. März 1919 um 8.15 Uhr und führte von Berlin-Johannisthal über Gotha und Augsburg nach München. Eingesetzt wurde das umgebaute Militärflugzeug Rumpler C IV mit der Zulassungsnummer D-72. Geflogen wurde die Maschine vom ehemaligen Chefpiloten der Rumpler-Werke Werner Wieting. Am 19. März 1919 stieg der Luftverkehr Sablatnig auf der Linie Berlin–Warnemünde in den Seebäderverkehr ein. Im Laufe des Jahres wurden auch noch Flüge nach Kopenhagen angeboten. Im Juni 1919 schlossen sich die Deutsche Petroleum Compagnie und die Sablatnig Flugzeugbau GmbH zum Lloyd Luftverkehr Sablatnig zusammen. Der Bayerische Luft Lloyd richtete Strecken nach Wien, Frankfurt und Leipzig ein. In Frankfurt hatten die Fluggäste Anschluß nach Berlin mit der DLR und in Leipzig an das Netz der Sächsischen Luft Reederei. Die Albatros-Flugzeugwerke boten in Verbindung mit dem Norddeutschen Lloyd Flüge von Berlin nach Danzig und Kö-

Eine Junkers F 13 der Junkers Luftverkehr Persien auf dem Flugplatz in Teheran um 1927

nigsberg an. Die Bilanz der Deutschen Luftreederei für die Zeit von der Betriebsaufnahme bis zum 31. Juli 1919 konnte sich sehen lassen. Insgesamt wurden in diesem Zeitraum 556.155 Kilometer zurückgelegt und dabei 1.574 Passagiere und über 80 Tonnen Post und Zeitungen befördert.

1919–1920

Die belgische Luftverkehrsgesellschaft SNETA (Syndicat National pour l'Etude de Transports Aeriens) wurde am 1. März 1919 gegründet. Der Liniendienst begann am 19. Juni 1920 auf den Strecken Brüssel–London und Brüssel–Paris. In Frankreich entstand 1919 die Lignes Aériennes Latécoère, die ab dem 8. März 1919 mit einer Breguet 14 von Toulouse nach Barcelona flog.

Neben der Deutschen Luftreederei war der Junkers Luftverkehr mit am erfolgreichsten. Dieser Erfolg beruhte nicht zuletzt auf der Junkers F13, dem ersten Ganzmetall-Verkehrsflugzeug der Welt. Seinen

Erstflug absolvierte der Prototyp der F 13 mit dem Namen „Annelise" am 25. Juli 1919 mit dem Piloten Monz am Steuer. Angetrieben wurde sie von einem BMW IIIa mit einer Leistung von 136 kW (185 PS). Bereits am 13. September 1919 stellte die kaum erprobte F 13 einen neuen Höhenweltrekord auf. An diesem Tag erreichte sie mit acht Personen an Bord in 86 Minuten eine Höhe von 6.750 Metern. Dies erregte weltweites Aufsehen und der Siegeszug der F 13 um die Welt begann. Das Cockpit der F 13 war offen und für zwei Piloten eingerichtet. Die Fluggastkabine bot vier Passagieren auf gepolsterten Sitzen Platz. Eine Kabinenbeleuchtung und Heizung konnten auf Wunsch geliefert werden. Da die vielen kleinen deutschen Luftverkehrsunternehmen finanziell nicht in der Lage waren, die F 13 zu kaufen ging Junkers einen neuen Weg und gründete selbst eine Luftverkehrsgesellschaft und unterstützte den Aufbau nationaler Luftverkehrsunternehmen im Ausland. Allein 1920 baute

Bei der Gründung der Lufthansa gehörten auch Junkers G24 zur Flotte

Junkers 73 Maschinen, von denen die meisten ins Ausland verkauft wurden.

Ein wichtiges Ereignis für den zivilen Luftverkehr war am 28. August 1919 die Gründung der IATA (International Air Traffic Association) in Den Haag. Zu den sechs Gründungsmitgliedern gehörte auch die Deutsche Luftreederei. Dabei wurden die Grundlagen für den grenzüberschreitenden Luftverkehr festgelegt. Auf dieser Basis eröffneten die dänische DDL und die holländische KLM zusammen mit der DLR am 3. August 1920 die erste internationale Strecke. Diese führte von Malmö/Kopenhagen über Warnemünde und Hamburg/Bremen nach Amsterdam. Die Gründung der KLM (Koninklijke Luchtvaart Maatschappij) erfolgte am 7. Oktober 1919. Der Eröffnungsflug der KLM fand am 18. Mai 1920 statt. Zum Einsatz kam eine D.H. 16 der AT&T. Bedient wurde die Strecke Amsterdam–London. KLM konnte am 15. August 1920 zwei Fokker F.II übernehmen, die ein zweisitziges Cockpit hatte und vier Passagiere befördern konnte.

In Kolumbien wurde am 5. Dezember 1919 als kolumbianisch-deutsches Gemeinschaftsunternehmen die SCADTA (Sociedad Colombo Alemana de Transportes Aéros), die heutige Avianca, gegründet. Die Fluglinien führten von der Hauptstadt Bogota zu den Küstenstädten. Als erste Flugzeuge wurden zwei Junkers F 13 mit Schwimmern bestellt, die im Sommer 1920 mit dem Schiff in Barranquilla eintrafen. Beim ersten, noch nicht linienmäßigen Flug nach Bogotá saß Helmuth von Krohn im Führerraum. Der Liniendienst nach Bogotá wurde erst im Oktober 1929 aufgenommen. Nach einer längeren Streckenerprobung und Modifizierung der Flugzeuge wurden regelmäßige Dienste 1921 zwischen Barranquilla und Girardot aufgenommen.

Im Dezember 1920 mußte AT&T den Betrieb einstellen, da nicht genug Passagiere die Flüge annahmen. Handley Page Transport und der später gegründeten Instone ging es nicht besser, sie beendeten den Flugbetrieb im Februar 1921. Beide Gesellschaften konnten aber wenig später den Betrieb mit Unterstützung der Regierung wieder aufnehmen.

1922–1923
Ab dem 2. April 1922 flog Daimler Airway mit de Havilland D.H.34 auf der Strecke London–Paris. Daimler Airway nahm am 9. Oktober 1922 die Strecke London–Rotterdam in Betrieb und beflog ab dem 30. April 1923, zusammen mit dem Deutschen Aero Lloyd, die Strecke London–Amsterdam–Bremen–Hamburg–Berlin. Nach der Betriebseinstellung der SNETA im Juni 1922 entstand am 23. Mai 1922 eine neue Fluggesellschaft, die SABENA (Société Anonyme Belge d'Exploitation de la Navigation Aérienne). Zunächst wurden jedoch nur Frachtflüge mit einer D.H.9C durchgeführt. In der Nacht vom 9. zum 10. Juni 1922 bestritt die französische Fluggesellschaft Grands Express Aériens mit einer Farman Goliath den ersten zivilen Nachtflug zwischen Frankreich und England. Bereits Ende 1922 flogen die Piloten der Lignes Aériennes Latécoère von Tanger nach Algier.

In Österreich wurde am 3. Mai 1923 die ÖLAG (Österreichische Luftverkehrs AG) gegründet, die den Flugverkehr mit Flugzeugen von Junkers aufnahm.

Eine mit Schwimmern ausgerüstete Junkers Ju52/3m des Syndicato Condor

1924–1926
1924 wurde die Abteilung „Luftverkehr" bei Junkers neu organisiert und die Junkers Luftverkehr AG gegründet, die sehr stark im Ausland tätig war. So wurden die Linienrechte von Schweden über Rußland nach Persien erworben und der Luftverkehr Persien gegründet.

Aus dem Zusammenschluß der Fluggesellschaften Daimler, Handley Page, Instone und British Marina Air Navigation entstand Ende März 1924 in England Imperial Airways. Neben Paris wurde ab dem 2. Mai 1924 Köln angeflogen. Imperial Airways betrieb sieben de Havilland D.H.34, drei Handley Page W.8b, eine Vickers Vimy

Commercial und zwei Supermarine Sea Eagle. Im April 1924 eröffnete SABENA ihre erste Strecke von Rotterdam über Brüssel nach Straßburg, die im Juni bis Basel verlängert wurde. Ab Juli 1924 führte die KLM auf der Strecke nach London die Fokker F.VII ein, die acht Passagieren Platz bot. Mit dem Prototyp der Fokker F.VII unternahm die KLM vom 1. Oktober bis 24. November 1924 einen Streckenerprobungsflug nach Batavia in den holländischen Kolonien in Ostindien.

Als zweite deutsch-kolumbianische Fluggesellschaft entstand am 5. Mai 1924 das „Condor Syndikat". Muttergesellschaften waren die Deutsche Aero Lloyd AG und SCADTA. Das Condor Syndikat plante den Aufbau von Flugverbindungen zwischen Mittelamerika und den Vereinigten Staaten. Erworben wurden zwei Dornier Wal-Flugboote, mit den Namen „Atlantico" und „Pacifico". Diese starteten mit kolumbianischen Hoheitszeichen und deutschen Besatzungen am 10. August 1925 in Barranquilla zu ihrer ersten Expedition. Am 19. September erreichten sie Kuba und führten von Havanna aus Erkundungsflüge nach Key West in Florida durch. Die Aufnahme der Flüge in die Vereinigten Staaten scheiterte am Einspruch der dortigen Politiker und Militärs.

Für die Erkundung neuer Strecken mußten immer wieder Expeditionen durchgeführt werden, so auch in Großbritannien, wo sie von Imperial Airways unterstützt wurden. Der erste Flug führte nach Indien und Burma. Am 10. November 1924 starte-te eine de Havilland D.H.50J in diese Richtung und kehrte am 17. März 1925 zurück, wobei 28.970 km zurückgelegt wurden. An Bord des Flugzeugs war der Direktor der zivilen Luftfahrtbehörde, Sir Sefton Brancker, der Pilot Alan Cobham und der Flugingenieur Arthur Elliott. Der nächste Flug führte nach Kapstadt. Der Start erfolgte am 16. November 1925 vom Flughafen Croydon. Die Besatzung kam nach 9.655 km am 17. Februar 1926 dort an. Der dritte Flug führte nach Australien. Zuvor wurde die Maschine noch mit Schwimmern ausgerüstet. Der Start erfolgte 30. Juni 1926. Melbourne wurde am 15. August erreicht. Nach 78 Tagen wasserte die D.H.50J am 1. Oktober wieder auf der Themse.

Durch die Streichung von Subventionen für den zivilen Luftverkehr durch die deutsche Reichsregierung wurde der Zusammenschluß des Aero Lloyd und der Junkers Luftverkehr AG herbeigeführt. Über den Winter 1925/1926 wurde der Linienflugverkehr eingestellt. Am 6. Januar 1926 erfolgte die Gründung der Deutsche Luft Hansa AG, die ab dem 6. April den planmäßigen Flugbetrieb wieder aufnahm. Die Flotte bestand aus 19 verschiedenen Typen mit 165 Flugzeugen und bis Ende 1926 hatte das Unternehmen 1.527 Angestellte.

1927–1929

Dem Condor Syndikat wurde als erster Fluggesellschaft in Brasilien am 26. Januar 1927 die Genehmigung erteilt, Personen und Post zwischen Rio de Janeiro und Porto Alegre zu befördern. Als nächste Luftverkehrsgesellschaft wurde in Brasilien am 7. Mai 1927 die VARIG gegründet. Hauptaktionär wurde das Condor Syndikat. Als weitere brasilianische Luftverkehrsgesellschaft entstand auf Betreiben der Luft Hansa am 1. Dezember 1927 die „Sindicato Condor Limitada". Der Linienverkehr sollte ab Februar 1930 aufgenommen werden. Bis dahin wurden ab dem Sommer 1928 mit einer Junkers G 24 Streckenerkundungsflüge durchgeführt.

Den regelmäßigen Liniendienst zu den holländischen Kolonien in Ostindien nahm die KLM am 12. September 1929 auf.

1930–1934

Die erste Überquerung des Atlantiks von St. Louis im Senegal nach Natal in Brasilien gelang der Besatzung von Jean Mermoz am 12./13. Mai 1930 mit einem Latécoère 28 Flugboot der Compagnie Generale Aeropostale.

Zusammen mit dem Sindicato Condor begann die Luft Hansa 1930 kombinierten Verkehr mit Flugzeug und Schiff aufzunehmen. Von Cadiz nach Las Palmas wurde die Post mit einem Dornier-Flugboot befördert. Dort wurden die Postsäcke von einem Schiff der Hamburg-Südamerika-Linie übernommen, welches die Fracht zur Insel Fernando Noronha brachte und dort an ein Flugboot des Sindicato Condor übergab. Dadurch konnte die Beförderungszeit auf rund neun Tage verkürzt werden.

Ab dem 17. Januar 1931 flog die Air Orient von Marseille nach Saigon. Zum Einsatz kamen Liore-et-Olivier LeO 242 und Breguet 280. Weltweites Aufsehen erregte 1931 die Südatlantiküberquerung der Dornier Do X. Für die 2.325 Kilometer lange Strecke von den Kapverdischen Inseln, wo das Flugschiff am 4. Juni startete, nach Fernando Noronha benötigte sie bei einer Durchschnittsgeschwindigkeit von 175 km/h 13 Stunden 15 Minuten. Die Reise führte weiter nach Rio de Janeiro und New York, von wo der Rückflug über den Nordatlantik angetreten wurde.

Vor Bathurst an der afrikanischen Küste erfolgte am 29. Mai 1933 der erste Schleuderstart eines 8t-Wal. Am 6. Juni wurde der Schleuderstart unter Einsatzbedingungen mitten auf dem Südatlantik wiederholt. Flugkapitän Jobst von Studnitz startete mit seiner vierköpfigen Besatzung im Dornier Wal „Monsun" bei Bathurst und flog rund 1.500 Kilometer bis zum Stützpunktschiff „Westfalen", wo er wasserte und von einem Kran an Bord genommen wurde. Nach der Wartung des „Wals" wurde dieser mit dem Katapult gestartet und flog weiter

Am 6. Juni 1933 gelang es der Lufthansa erstmals, mit dem Dornier Wal D-2069 „Monsun", mit Zwischenlandung bei der „Westfalen" und anschließendem Katapultstart den Südatlantik zu überqueren

nach Natal in Brasilien, wo er am nächsten Tag ankam. Insgesamt war die Besatzung 15 Stunden und fünf Minuten unterwegs.

Durch den Zusammenschluß mehrerer Fluggesellschaften kam es am 30. August 1933 zur Gründung der Air France.

Der erste Trans-Ozean-Dienst der Welt zwischen Deutschland und Südamerika wurde durch die Lufthansa am 3. Februar 1934 eröffnet. Die Reise begann in Berlin-Tempelhof, wo eine Heinkel He 70 zum Flug über Stuttgart und Marseille nach Sevilla startete. An Bord befanden sich 38 kg Briefe. In Sevilla übernahm eine Ju 52 die Post, und brachte diese nach einer Zwischenlandung in Las Palmas nach Bathurst. Dort wurde in einen Dornier Wal umgeladen, der auf dem Katapult der „Westfalen" verankert war. Nach 36 Stun-

den Fahrt startete der Wal zum Flug nach Natal, wo eine mit Schwimmern ausgerüstete Junkers W 34 wartete, die die Post weiter nach Rio de Janeiro beförderte. Zunächst wurden die Flüge alle vierzehn Tage durchgeführt, ab Ende Juni dann wöchentlich. Im Durchschnitt betrug die Beförderungszeit für einen Brief zwischen Stuttgart und Rio de Janeiro fünfeinhalb Tage. Nach der Inbetriebnahme des zweiten schwimmenden Flugstützpunktes „Schwabenland" verkürzte sich die Beförderungszeit 1935 um einen Tag, in der Gegenrichtung um zwei Tage. Ende 1934 nutzten 19 europäische Länder die Lufthansa-Postverbindung nach Südamerika.

Die Dornier DoX nach der Landung in New York

1935–1939

In zweiwöchigen Abständen bediente SA-BENA mit Fokker F.VII ab März 1935 die Strecke Brüssel–Leopoldville. Nach Lieferung der Savoia-Marchetti S.M.73 im Jahre 1936 wurde die Strecke wöchentlich beflogen.

Ab dem 19. April 1936 wurde der Frankfurter Rhein-Main-Flughafen Ausgangspunkt des Südatlantikdienstes. Von Frankfurt nach Bathurst wurden jetzt Junkers Ju 52, Heinkel He 111 und He 116 eingesetzt. Die Dornier Wal erhielten Unterstützung durch Dornier Do 18 und Blohm & Voss Ha 139. Zum Weitertransport der Post in Südamerika standen wieder Ju 52 bereit. Auch auf der Nordatlantikroute machte die Lufthansa Erprobungsflüge. Diese wurden mit zwei Do 18 durchgeführt. Außerdem war noch das Flugstützpunktboot „Schwabenland" in die Aktion eingebunden. Der erste Flug begann am 9. September 1936 bei den Azoren. An Bord der Do 18 „Zephir" befanden sich die beiden Flugkapitäne Blankenburg und Franz-Heinrich von Gablenz. Nach einer Flugdauer von 22 Stunden und zwölf Minuten landeten sie in dem Seeflughafen Port Washington bei New York.

Neue Maßstäbe setzte Imperial Airways mit der Einführung der Short S.23 C-Class Empire Flugboote. Die erste Maschine flog ab dem 30. Oktober 1936 auf der Strecke Alexandria–Brindisi. Die Kabine bot 24 Passagieren Platz. Nachts konnten 16 Passagiere befördert werden, denen Betten zur Verfügung standen. Am 12. Januar 1937 nahm Imperial Airways mit Short

Focke Wulf Fw200 D-ACON „Condor" nach der Landung auf dem New Yorker Floyd-Bennett Flughafen am 11. August 1938

S.23 den Flugverkehr zwischen Alexandria und Southampton mit vier Zwischenlandungen und einem Nachtstopp in Brindisi auf. Die neue Flugboot-Basis Hythe bei Southampton wurde der neue Ausgangspunkt für Flüge ins British Empire.

Ab 1937 bediente die Lufthansa die Strecke Buenos Aires–Santiago de Chile. 1938 folgten die Strecken Natal Rio de Janeiro sowie La Paz–Lima.

Imperial Airways nahm in Zusammenarbeit mit Pan Am auf der Nordamerika-

SABENA setzte die Savoia-Marchetti S.M.73 auf der Strecke Brüssel–Leopoldville ein

Auf der Strecke zwischen den Bermudas und New York setzte Pan American Sikorsky S-42 Flugboote ein

strecke die Verbindung zwischen den Bermudas und New York auf. Pan Am bediente die Strecke mit Sikorsky S-42 Flugbooten und Imperial Airways setzte seine Short S.23 C-Class Empire Flugboote ein. Der erste offizielle Linienflug fand am 16. Juni 1937 statt. Auch die Streckenerprobung zwischen den USA und Großbritannien wurde mit diesen beiden Flugzeugtypen durchgeführt. Der erste Linienflug erfolgte am 20./21. Juli 1938 mit einem Short-Mayo-Huckepack-Flugzeug. Dieses bestand aus einer viermotorigen Short S.21 als Mutterflugzeug und einer kleineren, jedoch ebenfalls viermotorigen Short S.20, die auf dem Rücken der S.21 transportiert wurde und sich unterwegs vom Mutterflugzeug löste.

Auf Betreiben von United Air Lines entwickelte Douglas 1936 die DC-4, ein Langstreckenflugzeug für 40 Passagiere, die aber dann mit 52 Sitzen deutlich größer ausfiel als geplant. Der Prototyp mit der Bezeichnung DC-4E absolvierte unter Leitung von Carl Cover am 7. Juni 1938 seinen Erstflug. Ab März 1939 kam die Maschine

bei United zum Linieneinsatz. Eine Vielzahl von Problemen verhinderten jedoch die Übernahme in den Liniendienst und die DC-4E wurde nach Japan verkauft.

Weitere Strecken, die die Lufthansa bediente, waren Berlin über Athen nach Bagdad (Oktober 1937), Verlängerung nach Teheran (Frühjahr 1938), Kabul (ab 15. April 1938) und Bangkok (ab 25. Juli 1939). Ein weiterer Meilenstein in der Geschichte des Luftverkehrs war der Flug der Focke Wulf Fw 200S-1 „Condor" (D-ACON) von Berlin nach New York. Flugkapitän Alfred Henke startete mit seiner Besatzung am 10. August 1938 in Berlin-Staaken und landete nach 24 Stunden und 36 Minuten auf dem Floyd-Bennett-Flughafen in New York. Er hatte bei einer Durchschnittsgeschwindigkeit von 259,5 km/h 6.371 km zurückgelegt. Für den Rückflug nach Berlin-Tempelhof wurden nur 19 Stunden und 55 Minuten benötigt. Ende November 1938 konnte die Lufthansa einen neuen Rekordflug melden, der wieder mit einer Focke Wulf Fw 200 durchgeführt wurde. Die 14.278 km lange Strecke von Berlin nach Tokio wurde in 46 Stunden und 18 Minuten zurückgelegt. Der letzte Streckenerkundungsflug der Lufthansa führte im August 1939 mit einer Ju 52 wieder nach Tokio und zurück. Die Nachfrage auf der Südatlantikstrecke stieg ständig, so daß die Lufthansa größere Flugzeuge einsetzen mußte. Dies waren die Blohm & Voss Ha 139 und in geringer Stückzahl die Dornier Do 26, die noch in der Flugerprobung stand. 1939 kamen auf der gesamten Strecke von Frankfurt bis

Santiago de Chile nur noch Lufthansa Flugzeuge und Besatzungen zum Einsatz. Immer mehr zeichnete sich in diesem Jahr der bevorstehende Krieg ab, was zur Folge hatte, daß nach 481 Linienflügen die Verbindung nach Südamerika eingestellt werden mußte. Nach dem Ausbruch des Zweiten Weltkriegs war eine Weiterführung des zivilen Flugverkehrs in Europa zunächst nur noch bedingt möglich.

Für Flüge nach Westafrika übernahm BOAC von der RAF 1943 die Short Sunderland

1942–1944

Nach dem Fehlschlag mit der DC-4E überarbeitet Douglas den Entwurf und es entstand die DC-4A mit 42 Sitzen und einer Startmasse von 22.680 kg. Durch den Eintritt der USA in den Zweiten Weltkrieg kam es jedoch nicht zur Auslieferung der zivilen DC-4A an die Fluggesellschaften. Die USAAF übernahm die Flugzeuge als militärische Transporter mit der Bezeichnung C-54 Skymaster. Der Erstflug erfolgte am 26. März 1942.

Im Januar 1943 übernahm BOAC von der Royal Air Force einige Short Sunderland III, die ab März auf der Strecke nach Westafrika und ab Oktober nach Indien flogen.

Wie bei der DC-4 wurde auch die Lockheed L-049 Constellation auf Anregung einer Fluggesellschaft, diesmal der TWA, entwickelt. TWA suchte ein Flugzeug, das nonstop die Strecke Los Angeles–New York in einer Flugzeit von acht bis neun Stunden bewältigen konnte. Aber auch hier gingen die ersten Maschinen als Transporter mit der Bezeichnung C-69 an die USAAF, die 260 Flugzeuge bestellte. Der Jungfernflug fand am 9. Januar 1943 statt. Der Prototyp mit der zivilen Kennung NX 25600 hatte schon einen Tarnanstrich und erhielt später die militärische Seriennummer 43-10309. Der zweite Prototyp der Lockheed Constellation mit der s/n 43-10310 flog im August 1943. Am 17. April 1944 flog diese Maschine in den Farben der TWA von Burbank nach Washington. Bei einer Durchschnittsgeschwindigkeit von 531,3 km/h benötigte sie für die 3.700 km lange Strecke sechs Stunden 57 Minuten.

Zwischen Februar und September 1944 erhielt BOAC fünf Avro York und begann mit diesen Flugzeugen ab dem 20. April 1944 die Strecken nach Kairo und Tripolis über Gibraltar zu bedienen.

1945–1946

Nach dem Zweiten Weltkrieg wurden erhebliche Anstrengungen unternommen, den Linienluftverkehr wieder zu aktivieren.

Air France wurde am 26. Juni 1945 verstaatlicht und übernahm am 1. Januar 1946 das gesamte Streckennetz in Frankreich.

BOAC bediente zunächst noch einige internationale Strecken mit Short Flugbooten der C-und G-Klasse, die den Krieg überlebt hatten. Am 10. November 1945 flog eine Avro York der BOAC von Hurn nach Johannesburg. Die Strecke wurde gemeinsam mit South African Airways betrieben.

Nach Kriegsende verkaufte die USAAF die C-54 aus Überschußbeständen an die Fluggesellschaften, die sie dann für den zivilen Einsatz umrüsten ließen. American Overseas Airlines flog ab dem 26. Dezember 1945 täglich mit der DC-4 von New York nach London. Im Januar 1946 folgte dann Pan American, ebenfalls mit umgebauten C-54 auf derselben Strecke, während BOAC immer noch Flugboote des Typs Boeing 314 einsetzte. Am 28. November 1945 über-

TWA setzte als erste Fluggesellschaft die Lockheed L-049 Constellation ein. Auf dem Foto zu sehen ist die N90831 „Star of Switzerland"

nahm die TWA, die damals mit vollem Namen noch Transcontinental & Western Air hieß, die Lockheed L-049 Constellation N86505 „Paris Skychief". Diese Maschine flog am 3. Dezember von Washington über Gander und Shannon nach Paris. Der re-

guläre Liniendienst nach Paris wurde am 5. Februar 1946 aufgenommen.

Ausschließlich für den Flugbetrieb in Europa wurde am 1. Januar 1946 die British European Airways (BEA) gegründet. Sie bediente alle europäischen Strecken, die zuvor von der No. 110 Wing des RAF Transport Command betrieben worden waren.

Die L-049 Constellation und ihre Nachfolgemuster kamen bei den meisten großen Fluggesellschaften zum Einsatz. So auch bei der Pan American, die 22 L-049 bestellt hatte, von denen die erste, die N88836 „Clipper Mayflower", am 5. Januar 1946 ausgeliefert wurde. Pan American führte am 20. Januar 1946 mit einer Constellation den ersten kommerziellen Nordatlantikflug eines Flugzeugs mit Druckkabine auf der Strecke New York–Lissabon durch.

Die Strecke nach Singapur wurde am 31. Januar 1946 mit Short Sunderland, die später von den Short Hythe ersetzt wurde, wieder eröffnet. Bei den Flugbooten der Hythe-Klasse, von denen BOAC über 22 Einheiten verfügte, handelte es sich um umgebaute Short Sunderland III. Gemeinsam mit Qantas startete BOAC am 12. Mai 1946 den Flugbetrieb von Poole nach Sydney. Auch auf dieser Strecke kamen die Short Hythe zum Einsatz.

Der erste Auftraggeber für die DC-4, United Airlines, setzte ab dem 1. März 1946 die C-54 auf der Strecke New York–Los Angeles ein. Panair do Brasil eröffnete am 1. Mai 1946 mit der Lockheed Constellation die Strecke von Rio de Janeiro nach London. In

Konkurrenz dazu flog ab dem 12. Oktober 1946 British South American Airways Corporation mit Avro York die gleiche Strecke. BSAAC stellte 1949 den Betrieb ein. Flugzeuge und Streckenrechte wurden von BOAC übernommen.

Ende 1946 ersetzten die Constellation der Pan American die Boeing 314 Flugboote auf der Linie San Francisco–Honolulu.

In Italien wurden 1946 zwei Fluggesellschaften gegründet, Alitalia und Linee Aeree Italiane die im Frühjahr 1947 auf Inlandsstrecken den Liniendienst aufnahmen. Am 6. August 1947 führte Alitalia den ersten internationalen Flug von Rom nach Oslo durch. Zum Einsatz kam eine - Savoia-Marchetti S.M.95C.

1947–1951

Die Entwicklung der Verkehrsflugzeuge machte in den Nachkriegsjahren große Fortschritte. Neben Lockheed und Douglas kam als dritter Anbieter jetzt noch Boeing hinzu. Boeing hatte sich vor dem Krieg bereits einen Namen mit der Boeing 247 und dem Flugboot Boeing 314 gemacht. Bereits 1942 entwarf Boeing das Modell 367 als Langstreckentransporter. Die USAAF bestellte unter der Bezeichnung XC-97 drei Prototypen, deren erster am 15. November 1944 seinen Jungfernflug absolvierte. Daraus entwickelte Boeing das Modell 377 Stratocruiser. Der Prototyp NX90700 startete am 8. Juli 1947 mit Testpilot J.B. Fornasero am Steuer zu seinem Erstflug. Erster Kunde für die Stratocruiser, die 100 Passagiere befördern konnte, wurde Pan American, die 20 Maschinen bestellte. Zum ersten Linieneinsatz kam es am 1. April 1949, als Pan American die Strecke San Francisco–Hawaii eröffnete. Kurze Zeit später, am

Boeing 377 Stratocruiser der Pan American bei der Landung in London-Heathrow (1958)

2. Juni kam die Boeing 377 auch auf der Route New York–London als „President"-Service zum Einsatz. Pan American übernahm im September 1950 American Overseas Airlines mit ihren acht Stratocruisern und im Oktober wurde noch der Prototyp erworben, so daß Pan American mit 29 Einheiten die größte Stratocruiser Flotte besaß. Durch die Ausrüstung von zehn Stratocruiser mit 1.700 Liter Zusatztanks konnten die Strecken nach London und Paris nonstop geflogen werden.

Als Nachfolgemuster für die DC-4 entstand bei Douglas die DC-6, die für 68 Passagiere ausgelegt war und über eine Druckkabine verfügte. Der Erstflug fand am 15. Februar 1946 noch unter der militärischen Typenbezeichnung XC-112 statt. Als erste Fluggesellschaften erhielten United Airlines und American Airlines die DC-6. American Airlines setzte dieses Muster zu-

Trans-Canada Air Lines erwarb 58 Vickers Viscount 700, die ab April 1955 den Liniendienst aufnahmen

nächst auf der Strecke New York–Chicago ein. United Airlines nahm den Liniendienst quer über den nordamerikanischen Kontinent am 27. April 1947 auf.

Die Weiterentwicklung der Lockheed L-049 war die L-649. Von dieser Version wurden allerdings nur 14 Einheiten gebaut, die alle Eastern Airlines übernahm und ab Juni 1947 auf der Strecke New York–Miami einsetzte. Am 18. April 1947 übernahm die Air France die neueste Ausführung der Constellation, die L-749. Gegenüber der L-649 verfügte diese über zusätzliche Tanks, so daß sich auch die Reichweite um 1.600 km erhöhte.

Nicht nur Strahltriebwerke ersetzten die Kolbenmotoren. Als weitere neue Entwicklung setzten sich Propellerturbinen durch. Als erstes Verkehrsflugzeug mit Propellerturbinen baute Vickers die Viscount mit Rolls-Royce Dart-Triebwerken. Das für 32 Passagiere ausgelegte Flugzeug

flog erstmals am 18. Juli 1948. BEA nahm ab dem 29. Juli 1950 mit der Viscount 630 den Versuchsbetrieb zwischen London und Paris auf.

Die Weiterentwicklung DC-6B konnte bis zu 102 Passagiere befördern. Wiederum war es United, die die DC-6B zuerst im transkontinentalen Dienst ab dem 11. April 1951 einsetzte.

Durch Einfügen eines zusätzlichen Rumpfmittelstücks mit 5,6 m Länge entstand 1950 die Lockheed L-1049 Super Constellation für 92 Passagiere. Ihren Erstflug absolvierte sie am 13. Oktober 1950. Diese Version setzte Eastern als erste Gesellschaft am 17. Dezember 1951 auf der Route New York–Miami ein.

1953–1956

Da die Versuche mit der Viscount sich bewährt hatten, bestellte BEA 20 Viscount 701 mit auf 47 Sitze erhöhtem Sitzplatzangebot. Mit diesen Maschinen eröffnete BEA am 18. April 1953 den Liniendienst zwischen London, Rom, Athen und Nicosia. Die Lockheed L-1049C wurde mit Wright R-3350-DA1 Turboverbundmotoren mit einer Leistung von je 3.250 PS ausgerüstet. Ihren Erstflug absolvierte sie am 17. Februar 1953. KLM erhielt die erste L-1049C am 10. Juni 1953 und startete damit den Nordatlantikverkehr am 15. August von Amsterdam über Shannon nach New York. Bei der TWA kam die L-1049C auf der Linie Los Angeles–New York am 19. Oktober 1953 erstmals zu Einsatz. 1953 begann die Deutsche Lufthansa mit den ersten Vorbereitungen zur Aufnahme des Luftverkehrs. Am 8. August 1953 wurden bei Lockheed die L-1049G Super Constellation und im November bei Convair vier CV-340 bestellt.

Als letzte Entwicklung eines mit Kolbenmotoren angetrieben Verkehrstflugzeues bei Douglas entstand die DC-7. Sie basierte auf den Forderungen von American Airlines. Gegenüber der DC-6B wurde der Rumpf um 1,16 m verlängert, so daß eine zusätzliche Sitzreihe eingebaut werden konnte. Als Antrieb kamen die leistungsstärkeren Wright R-3350 Turbo-Compound Motoren zum Einbau. Der Erstflug erfolgte am 18. Mai 1953. Ihren Flugdienst bei American Airlines nahm sie am 29. November 1953 auf.

Die größte Auswirkung auf die zivile Luftfahrt hatte die Einführung der strahlgetriebenen Verkehrsflugzeuge. Mit ihnen konnten die Flugzeiten deutlich gesenkt werden. Das erste im Liniendienst eingesetzte Verkehrsflugzeug mit Strahlantrieb war die de Havilland D.H.106 Comet, die am 27. Juli 1949 erstmals flog. Bereits im Dezember 1945 gab BOAC eine Absichtserklärung über den Kauf von zehn Comet bekannt. Die zweite Comet absolvierte am 27. Juli 1949 ihren Erstflug und wurde am 2. April 1951 für Streckenerprobungsflüge an BOAC übergeben, die sie bis nach Delhi, Singapur und Johannesburg führte.

Der Einsatz der Comet stand unter keinem guten Stern. Anfang 1954 stürzten zwei Comet ab, ohne daß man zunächst die Gründe dafür erkannte. Nach einer Untersuchung von über sechs Monaten konnten als Unfallursache Ermüdungserscheinungen an der Druckkabine ermittelt werden, ein Problem, dem man bisher nicht viel Beachtung geschenkt hatte. Nach dem zweiten Absturz am 8. April 1954 wurde der Comet das Lufttüchtigkeitszeugnis entzogen und sämtliche Comet erhielten Flugverbot. Großbritannien verlor dadurch seinen Vorsprung beim Bau strahlgetriebener Verkehrsflugzeuge an Boeing und Douglas. Der Rückstand konnte nie mehr aufgeholt

Das letzte Verkehrsflugzeug, das Lockheed mit Kolbenmotoren entwickelte war die L-1649 Starliner, die hier in den Farben der Lufthansa zu sehen ist

Fokker F27-600 Friendship der Trans-Australia Airlines, dem Erstbesteller der F27

werden. Auch für BOAC hatten diese Unfälle schwerwiegende Folgen. Als Ersatz für die Comet mußten zusätzlich Lockheed Constellation und Boeing Stratocruiser beschafft werden. Die Entwicklung der Comet ging jedoch weiter. Am 27. April 1958 startete die Comet 4 zu ihrem Erstflug und am 4. Oktober 1958 kehrte die Comet wieder in den Liniendienst zurück.

Die ersten beiden Flugzeuge der Lufthansa, die Convair CV-340 D-ACOH und D-ACAD trafen am 29. November 1954 in Hamburg ein. Sie dienen zur Ausbildung der Besatzungen und Techniker.

Modernste und letzte Version der Super Constellation war die L-1049G. Am 17. Dezember 1954 startete sie zu ihrem Erstflug. Äußerlich war sie leicht an ihren Zusatztanks an den Flügelspitzen zu erkennen. Die Treibstoffkapazität der L-1049G betrug 29.340 Liter womit sie eine Strecke von 9.400 km zurücklegen konnte. Am 22. Januar 1955 erhielt Northwest Orient Airlines als erste Fluggesellschaft die L-1049G. Der Liniendienst begann auf der Strecke Seattle–Manila am 15. Februar 1955.

Die neue Deutsche Lufthansa nahm am 1. April 1955 ihren Linienflugverkehr auf. An diesem Tag startete die Convair 340 „D-ACEF" um 7.40 Uhr mit der Flugnummer LH104 in Hamburg zum ersten planmäßigen Flug über Düsseldorf und Frankfurt nach München. Fast zur selben Zeit startete in München eine zweite Convair 340 mit der Flugnummer LH101 zum Flug über Frankfurt und Köln nach Hamburg. Am 15. April landete die erste Lockheed L-1049G in Hamburg. Somit verfügte die Lufthansa jetzt auch über Langstreckenflugzeuge für den Übersee-Einsatz. Den ersten Flug über den Nordatlantik unternahm die Lufthansa am 8. Juni 1955.

Großen Erfolg hatte Vickers mit der Viscount auch in Kanada. Trans-Canada Air Lines kaufte 58 Viscount der Serie 700. Der erste Einsatz erfolgte am 1. April 1955 auf der Strecke Montreal–Toronto–Fort William–Winnipeg. Zum ersten Mal gelang es auch, ein in Großbritannien hergestelltes Verkehrsflugzeug in die USA zu verkaufen. Betreiber in den USA wurde Capital, die 60 Viscount der Serie 700 erwarb und ab dem 26. Juli 1955 zwischen Washington und Chicago einsetzte. Insgesamt wurden 441 Viscount gebaut – damit ist sie bis heute das meistgebaute britische Verkehrsflugzeug.

Für Langstrecken baute Douglas die DC-7B (Erstflug 25. April 1955), bei der im hinteren Teil der Motorgondeln zusätzliche Tanks eingebaut waren. Pan American setzte die DC-7B ab dem 13. Juni 1955 auf ihren flugplanmäßigen Nonstopflügen zwischen New York und London ein. Die DC-7B wurde auf diesen Strecken ab 1. Juni 1956 von der DC-7C Seven Seas abgelöst. Auch BOAC erwarb zehn DC-7C. Mit der L-1049G nahm die Lufthansa am 15. August 1956 ihren Südamerikadienst wieder auf, wohin sie 1939 zum letzten Mal flog. Der Flug führte von Hamburg über Düsseldorf, Frankfurt und Dakar nach Rio de Janeiro.

1957–1959

Als letztes Verkehrsflugzeug mit Kolbenmotoren baute Lockheed die L-1649 Starliner. Sie war ein reines Langstreckenflugzeug mit einer Reichweite von bis zu 11.585 km. Der Tragflügel mit einer Spannweite von 45,72 m wurde völlig neu konstruiert. Mit ihr war es möglich, den Nordatlantik in beiden Richtungen nonstop zu überqueren. Am 10. Oktober 1956 startete die L-1649 zu ihrem Erstflug. Insgesamt wurden nur 43 Einheiten, davon vier für die Lufthansa, gebaut. Die Zeit der mit Kolbenmotoren angetriebenen Verkehrsflugzeuge war vorbei. Ihren ersten Einsatz hatte die L-1649 bei der TWA, die auch Erstbesteller war, am 1. Juli 1957 auf der Strecke New York–London–Frankfurt.

In den USA entschied sich auch Lockheed für den Bau von Flugzeugen mit Propellerturbinen und entwickelte die L-188 Electra. Der erste Auftrag über 35 Flugzeuge wurde 1955 aus dem Projektstadium heraus von American Airlines vergeben, gefolgt von Eastern Airlines mit 40 Maschinen. Der Prototyp absolvierte am 6. Dezember 1957 seinen Erstflug. Eastern Airlines nahm als erste Fluggesellschaft am 12. Januar 1959 mit der Electra auf der Strecke New York–Miami den Flugbetrieb auf.

Für den Mittel- und Langstreckenbereich entwickelte Bristol die Type 175 Britannia, die ebenfalls von Propellerturbinen angetrieben wurde. Der Erstflug des Prototyps fand am 16. August 1952 in Filton statt. Probleme bei der Entwicklung der Bristol Proteus Triebwerke verzögerten den Einsatz bis zum 1. Februar 1957, obwohl BOAC bereits am 30. Dezember 1955 die ersten beiden Maschinen übernehmen konnte. Von der ersten Serie Britannia 102 stellte BOAC 15 Einheiten in Dienst. Erfolgreicher als die Britannia 102 wurde die Serie 300. Sie hatte einen um 3,12 m verlängerten Rumpf und stärkere Triebwerke. Der Prototyp flog erstmals am 31. Juli 1956. BOAC übernahm 18 Britannia 312 die ab dem 19. Dezember 1957 für Atlantikflüge eingesetzt wurden.

In der UdSSR entstand aus dem zweistrahligen Bomber Tu-16 das Verkehrsflugzeug Tu-104. Die Konstruktionsarbeiten

Eine Caravelle der SAS bei der Landung in Stuttgart. Ungewöhnlich der Bremsschirm zur Verkürzung der Landestrecke

Mit der Boeing 707, hier eine 707-430 (D-ABOF), begann bei der Lufthansa 1960 das Jet-Zeitalter

Die Boeing 707 war das erste strahlgetriebene Verkehrsflugzeug in den USA. Der Prototyp, die legendäre Boeing 367-80 „Dash 80" absolvierte seinen Erstflug am 15. Juli 1954. Die erste Bestellung kam von Pan American am 13. Oktober 1955 über 20 Boeing 707-120, die für kontinentale Langstreckenflüge gebaut wurde und zwischen 124 und 150 Passagieren Platz bot. Der Erstflug erfolgte am 20. Dezember 1957. Den ersten Linieneinsatz mit der Boeing 707 führte Pan American auf der Strecke New York–London am 26. Oktober 1958 durch. Fast alle großen Fluggesellschaften setzten die Boeing 707 und ihre Mittelstreckenversion Boeing 720 ein. Heute stehen noch viele Boeing 707 als Frachter im Einsatz. Gebaut wurden insgesamt 1.010 Boeing 707/720. Die Produktion der Boeing 707 als Passagierflugzeug wurde im Oktober 1979 eingestellt.

wurden 1954 abgeschlossen und am 17. Juni 1955 startete die Tu-104 zu ihrem Erstflug. Die Indienststellung bei der Aeroflot erfolgte am 15. September 1956 auf der Strecke Moskau–Irkutsk. Damit war die Tu-104 das zweite Strahlverkehrsflugzeug, das in Dienst gestellt wurde.

SAS eröffnete mit der DC-7C die erste echte Polroute zwischen Skandinavien und dem Fernen Osten am 24. Februar 1957.

Neben Großbritannien wurde auch in Holland bei Fokker ein Flugzeug mit Propellerturbinen entwickelt. Die Entwicklung der Fokker F27 Friendship begann 1953. Sie war als DC-3-Ersatz für 28 Passagiere auf der Kurz- und Mittelstrecke gedacht. Als Antrieb kamen zwei Rolls-Royce Dart 507 zum Einbau. Der Erstflug erfolgte am 24. November 1955. Die erste Bestellung kam am 9. März 1956 von Trans-Australia Airlines. Aer Lingus übernahm die ersten F27 am 19. November 1959. Die Aufnahme des Flugbetriebs erfolgte am 15. Dezember auf der Strecke Dublin–Glasgow.

Als äußerst erfolgreiches Verkehrsflugzeug entwickelte Iljuschin die Il-18, die bis heute noch im Liniendienst steht. Sie startete zu 4. Juli 1957 zu ihrem Erstflug. Mitte 1958 erhielt die Aeroflot die ersten Vorserienmuster für die Streckenerprobung. Am 20. April 1959 ging die Il-18 auf der Strecke Moskau–Alma Ata in den Liniendienst. Die erste Exportlieferung übernahm die CSA im Januar 1960 und nahm sie ab dem 1. April 1960 in den Liniendienst. Ebenfalls zum 1. April 1960 begann die Interflug mit der Il-18 den Linienverkehr Berlin–Moskau.

1951 gab das französische Luftfahrtministerium zwei Prototypen der SE.210

Caravelle bei SNCASE in Auftrag. Der Erstflug konnte am 27. Mai 1955 mit Pierre Nadot im Cockpit durchgeführt werden. Auffälliges Merkmal der Caravelle waren die beiden in Gondeln am Heck angeordneten Triebwerke. Der erste Prototyp absolvierte über 1.000 Flugstunden als Frachtflugzeug auf verschiedenen Strecken der Air France in Europa und Nordafrika. Air France bestellte im Februar 1956 zwölf Caravelle I und erhöhte später auf 24 Einheiten. Im Juni 1957 folgte SAS (Scandinavian Airlines System) und bestellte sechs Flugzeuge. Obwohl die Air France im März 1959 ihre erste Caravelle erhielt, war es doch SAS, die am 26. April 1959 den ersten Linienflug einer Caravelle durchführte. SAS verwendete dazu einen der zur Pilotenschulung geliehenen Prototypen. Am 6. Mai erfolgte dann auf der Strecke Paris–Istanbul der erste Einsatz einer Air France Caravelle. Vor den Verkaufserfolgen der A320 war die Caravelle das erfolgreichste europäische Strahlverkehrsflugzeug und bis zur Produktionseinstellung im Februar 1973 wurden 282 Einheiten aller Versionen gebaut.

Als Konkurrenz zur Boeing 707 entstand bei Douglas die DC-8. Die erste Maschine, eine DC-8-10 flog erstmals am 30. Mai 1958. Erstbesteller war – wie so oft – Pan American. Sie bestellte am 1. Oktober 1955 von der Interkontinentalversion DC-8-30 zwanzig Einheiten. United Airlines (20 Flugzeuge) und Delta Airlines (6) nahmen gemeinsam am 18. September 1959 den Liniendienst auf. Pan American erhielt seine DC-8-30 ab dem 1. Februar 1960. Insgesamt 556 DC-8 verließen die Fertigungsstraße in Long Beach.

1960–1961

1960 begann auch bei der Lufthansa das Jet-Zeitalter. Am 20. März um 12 Uhr mittags landete die erste Boeing 707-430 (D-ABOB) mit Chefpilot Rudolf Mayr und Flugkapitän Werner Utter am Steuer auf dem Hamburger Flughafen.

In der UdSSR entstand das für diese Zeit größte und schwerste Verkehrsflugzeug der Welt, die Tupolew Tu-114. Die Tu-114 hatte eine maximale Startmasse von 171.000 kg und war für 220 Passagiere ausgelegt. Die Spannweite betrug 51,10 Meter und die Länge 54,10 Meter. Als Höchstgeschwindigkeit erreichte sie 870 km/h. Der Erstflug fand 1955 statt. Offiziell wurde die Tu-114 erstmals durch die Aeroflot am 24. April 1961 auf der Strecke Moskau–Chabarowsk eingesetzt. Am 7. Januar 1963 eröffnete die Aeroflot mit der Tu-114 die Strecke Moskau–Havanna. Mit der Tu-114 konnten mehrere Weltrekorde aufgestellt werden.

Die McDonnell Douglas DC-8-71 (N8074U) von United Airlines. United Airlines hatte bis Mitte der 90er Jahre noch 26 DC-8-71 in seiner Flotte

Concorde der Air France kurz nach dem Start

Die Concorde ist das einzige Überschall-Verkehrsflugzeug, das bei westeuropäischen Airlines im Einsatz stand. Ihr Erstflug erfolgte am 2. März 1969. Nach dem Absturz einer Maschine der Air France bei Paris im Juli 2000, bei dem 113 Personen ums Leben kamen, konnte der Flugbetrieb erst im November 2001 wieder aufgenommen werden.

Das britisch-französische Überschallflugzeug stellt eine der mit Abstand größten technischen Leistungen in der Luftfahrtgeschichte dar. Begonnen hatte es damit, daß das britische Ministry of Supply in den fünfziger Jahren das Supersonic Transport Aircraft Committee ins Leben rief. Dieses sollte zwischen der Industrie und den Forschungsstellen die Lösung für ein Überschallflugzeug koordinieren. Zunächst entstand das Projekt Bristol 198, das zwei Richtungen verfolgte. Ein Mittelstreckenflugzeug mit einer Geschwindigkeit bis Mach 1,3 und einer Reichweite bis 2.410 km sowie ein Langstreckenflugzeug mit einer Geschwindigkeit bis Mach 2,0 und einer Reichweite bis 5.550 km. British Aircraft Corporation begann 1960 mit der detaillierten Entwicklung. Für Vorversuche wurden zwei Flugzeuge gebaut. Die Handley-Page HP.115 diente ab 1961 für die Langsamflugerprobung schlanker Deltaflügel. Die Bristol 221 wurde für die Erprobung des Deltaflügels im Hochgeschwindigkeitsbereich eingesetzt.

In Frankreich beschäftigten sich die Ingenieure seit 1957 mit ähnlichen Studien. Dort waren Dassault, Nord Aviation und

Sud Aviation an dem Projekt beteiligt. Untersucht wurde ein Überschall-Verkehrsflugzeug für 80 Passagieren mit einer Reichweite von 3.210 km. Unter der Bezeichnung „Super Caravelle" arbeiteten Sud Aviation und Dassault ab April 1960 gemeinsam an diesem Entwurf.

Internationale Zusammenarbeit

1961 nahm BAC Kontakt zu Sud Aviation auf und am 25. Oktober 1962 einigten sich beide Firmen über die gemeinsame Entwicklung eines Mach 2-Verkehrsflugzeugs. Ein Vertrag über die Zusammenarbeit beider Länder wurde am 29. November 1962 unterzeichnet. Auch bei der Entwicklung des Triebwerks arbeiteten Rolls-Royce und SNECMA eng zusammen.

1965 lief in England das erste Olympus Strahltriebwerk auf dem Prüfstand.

Die endgültige Auslegung der beiden Prototypen stand im Mai 1964 fest. Der Prototyp 001 wurde in Toulouse, der Prototyp 002 in Filton gefertigt. Am 11. Dezember 1967 fand in Toulouse-Blagnac der feierliche Roll-out der Concorde 001 (F-WSST) statt. Der Erstflug konnte mit einer Verzögerung von über einem Jahr am 2. März 1969 durchgeführt werden. Auf dem 42 minütigen Flug wurde eine Geschwindigkeit von 463 km/h und eine Höhe von 3.000 m erreicht. Gesteuert wurde die Concorde vom französischen Cheftestpiloten André Turcat.

Auf englischer Seite erfolgte der Start zum Jungfernflug mit der Concorde 002

Concorde G-BOAF von British Airways im Anflug auf Heathrow

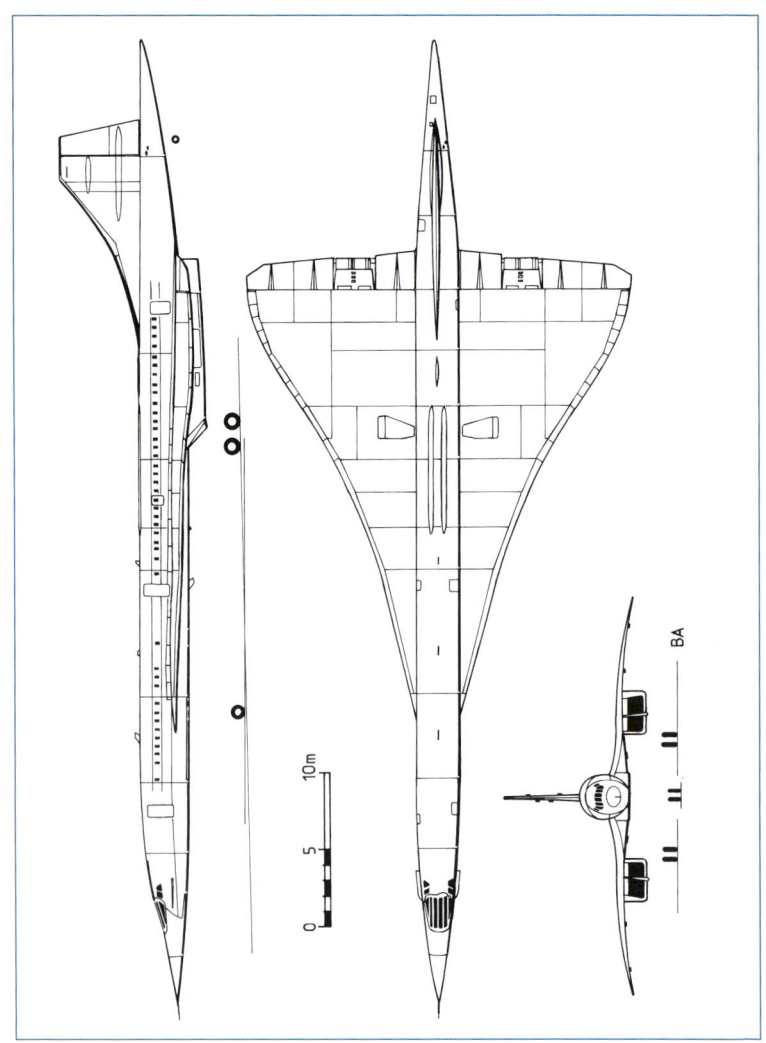

10m

5

0

BA

(G-BSST) am 9. April 1969 in Filton. Pilot war Brian Trubshaw.

Bei ihrem 45. Flug erreichte die Concorde 001 am 1. Oktober 1969 in einer Höhe von 10.800 m erstmals Überschallgeschwindigkeit. Die doppelte Schallgeschwindigkeit wurde am 4. November 1970 während des 102. Flugs, ebenfalls mit der Concorde 001, erreicht. In einer Höhe von 15.300 m konnte für 53 Minuten Mach 2,0 eingehalten werden.

Ihren ersten interkontinentalen Flug führte die Concorde 001 am 25. Mai 1971 durch. Er führte von Toulouse nach Dakar.

Auf Auslandsreise

Der nächste interkontinentale Flug führte die Concorde 001 nach Südamerika. Sie startete am 4. September 1971 in Toulouse und flog über Sal auf den Kapverdischen Inseln nach Rochambeau in Französisch-Guayana. Vorgeführt wurde die Concorde in Rio de Janeiro und Buenos Aires. Am 18. September kehrte sie nach Toulouse zurück. Die 001 flog auf dieser Tour 29 Stunden 52 Minuten, davon 9 Stunden 21 Minuten mit doppelter Schallgeschwindigkeit.

Nach 3.850 Flugstunden wurde die Erprobung abgeschlossen. Die Erfahrungen, die mit den beiden Prototypen gesammelt wurden, flossen bei der Fertigung der beiden Vorserienflugzeuge mit ein. Die Änderungen führten zu einem längeren Rumpf, einem vollverglasten, einziehbaren Visier am Cockpit und neuen Schubdüsen für die Triebwerke.

Das erste Vorserienflugzeug, die 01 (G-AXDN) flog am 17. Dezember 1971 in Filton, die 02 (F-WTSA) am 10. Januar 1973 in Toulouse.

Die Concorde 101 (F-BVFA) der Air France wurde 1980 in Dienst gestellt

Die bis zu diesem Zeitpunkt schnellste Überquerung des Nordatlantiks eines Zivilflugzeugs gelang am 7. November 1974 mit der 01. Sie legte die Strecke von Filton nach Bangor im US-Bundesstaat Maine in 2 Stunden 56 Minuten zurück.

Nur British Airways und Air France bestellten die Concorde. Es gab auch von Seiten der anderen Luftfahrtgesellschaften großes Interesse, zu einer Bestellung kam es jedoch nicht. Das erste von vier Serienflugzeugen für die Air France, die Concorde 201 (F-WTSB) flog am 6. Dezember 1973. British Airways hatte fünf Concorde bestellt, deren erste, die G-BBDG, am 13. Februar 1974 zu ihren Erstflug startete.

Im Linieneinsatz

Air France nahm am 22. November 1977 den Liniendienst auf der Strecke Paris–New York auf. Dies war allerdings erst nach langen und schwierigen Verhandlungen mit den Behörden in den USA möglich. British Airways startete den Liniendienst London–New York am 12. Februar 1978. Ab September 1978 wurde diese Route zweimal wöchentlich bis nach Mexiko City verlängert. Die Flüge in die Fernen Osten wurden nur kurze Zeit durchgeführt, da Singapur nur drei Landungen und Starts pro Woche gestattete.

Die Serienfertigung der Concorde wurde nach 16 Flugzeugen eingestellt. Die Concorde 216 (G-BFKK) startete am 20. April 1979 als letzte Maschine zu ihrem Erstflug.

Bis zum 25. Juli 2000 flog die Concorde unfallfrei. An diesem Tag stürzte die F-BTSC der Air France bei Paris ab. Nach einem Reifenplatzer wurden die Tanks und zwei Triebwerke beschädigt. 113 Personen kamen dabei ums Leben.

Concorde der British Airways in der 1997 eingeführten neuen Bemalung

Die Concorde F-BVFA der Air France nach der Landung in Stuttgart am 1. Mai 1998

AIRBUS FRANCE / BAE CONCORDE

Hersteller:	Airbus France, Frankreich, BAE Systems, Großbritannien
Verwendung:	Langstrecken-Überschall-Verkehrsflugzeug für 100 Passagiere
Besatzung:	Zwei Piloten, ein Bordingenieur und sechs Flugbegleiter
Triebwerk:	Vier Strahltriebwerke Rolls-Royce/SNECMA Olympus 593 Mk.610 mit je 169,4 kN (17.275 kp) Standschub mit Nachbrenner

Abmessungen und Leistungen:

Spannweite:	25,56 m
Länge:	62,10 m
Höhe:	11,40 m
Rumpfdurchmesser:	2,87 m
Spurweite:	7,72 m
Radstand:	18,19 m
Flügelfläche:	358,25 m²
Pfeilung:	35 Grad
Flächenbelastung:	516,58 kg/m²
Rüstmasse:	78.700 kg
max. Startmasse:	285.065 kg
max. Landemasse:	111.130 kg
max. Nutzmasse:	12.780 kg
Tankkapazität:	118.500 Liter
max. Reisegeschwindigkeit:	2.300 km/h
wirtschaftliche Reisegeschwindigkeit:	2.150 km/h
Landegeschwindigkeit:	285 km/h
Dienstgipfelhöhe:	18.300 m
Steiggeschwindigkeit:	25,41 m/Sek.
Reichweite mit voller Nutzmasse:	6.700 km
Reichweite mit vollen Tanks und 100 Passagieren:	7.900 km
Treibstoffverbrauch im Reiseflug:	25.000 l/h
Erstflug:	2. März 1969

Im Einsatz bei:
Air France, British Airways

Sowohl die französische wie die britische Luftfahrtbehörde zogen die Betriebszulassung zurück. Ausführliche Untersuchen führten zu verschiedenen Modifikationen, die mit zwei Flugzeugen erprobt wurden. Nach und nach wurden die anderen Flugzeuge auf den neuen Stand gebracht. Im Herbst 2001 erhielt die Concorde wieder die Zulassung. British Airways nahm daraufhin den Flugbetrieb Ende Oktober 2001 wieder auf, Air France Anfang November. Zunächst wurden jeweils drei Flugzeuge auf der Strecke London–New York und Paris–New York eingesetzt.

Auf Grund zurückgehender Passagierzahlen entschlossen sich Air France und British Airways die Concorde außer Dienst zu stellen. Der letzte Flug einer Concorde der Air France von Paris nach New York fand am 30. Mai 2003 statt. British Airways setzte seine Linienflüge nach New York und Barbados noch bis zum 31. Oktober 2003 fort. Eine Concorde der Air France, die F-BVFB, fand im Auto & Technik Museum in Sinsheim eine neue Heimat.

Ein Airbus A300-600R (HS-TAK) von Thai beim Start. Auf dem Vorfeld stehen noch zwei weitere A300-600R

Die A300-600 löste die Vorgängermodelle A300B2 und A300B4 ab. Sie kommt auf Mittel- und Langstrecken zum Einsatz. Die A300-600F steht heute noch in der Fertigung.

Die A300B wurde als Mittelstreckenverkehrsflugzeug entwickelt und verfügte als erstes Flugzeug seiner Klasse über einen mit zwei Mittelgängen ausgelegten Rumpf, in dessen Unterdeck Einheitscontainer verladen werden können.

Der erste Prototyp, die A300B1, startete am 28. Oktober 1972 zu seinem Jungfernflug. Der zweite Prototyp folgte am 5. Februar 1973. Im Verlauf der sechzehnmonatigen Erprobungsphase wurde die dezentralisierte Produktion aufgebaut. Airbus France baute das Cockpit, den Bug, Teile des Rumpfmittelstückes und die Triebwerkspylone. Bei Airbus Deutschland wurden große Teile des Rumpfes gefertigt und in Hamburg-Finkenwerder die Endmontage der Rümpfe durchgeführt. Die Ausrüstung der Tragflächen mit den entsprechenden Systemen und den beweglichen Teilen erfolgte in Bremen. BAE Systems, wo die Tragflächen entwickelt worden waren, fertigte diese auch an. Die Höhenleitwerke und kleinere Baugruppen stellte Airbus España her. Zur Endmontage wurden alle vorgefertigten Teile nach Toulouse gebracht, wo auch das Einfliegen erfolgt.

Zwei Basisversionen wurden gebaut

Die Fertigung der A300 erfolgte in zwei Basisversionen, der A300B2 für eine maximale Reichweite von 3.700 km und die

A300B4, die über einem zusätzlichen Rumpftank verfügt und eine maximale Reichweite von 5.300 km hat. Als 1974 die ersten A300B2-100 ausgeliefert wurden, hatten diese eine Startmasse von 137.000 kg. Verbesserungen wie zusätzliche Krügerklappen an der Flügelnase und verbesserte Bremssysteme ermöglichten bei der A300B2-200 eine Steigerung der Startmasse auf 142.000 kg.

Auch bei der A300B4 konnte die Startmasse durch Verstärkungen der Zelle und den Einbau leistungsfähigerer Triebwerke von 150.000 kg auf 165.000 kg gesteigert werden. Die A300B4-100 war mit einem dreiteilige Vorflügel, Krügerklappen, dreiteilige Landeklappen und Bremsklappen ausgerüstet. Die A300B4-200 verfügte über eine verstärkten Struktur und wurde ab Mai 1976 ausgeliefert.

Von der A300B2 wurden 52 Flugzeuge gebaut, von der A300B4 185 Exemplare.

Außerdem konnten noch drei A300C4 Convertible und zwei Frachter A300C4/F verkauft werden. Beide Versionen verfügen über ein 3,58 m breites Frachttor auf der linken Vorderseite und können eine Fracht von rund 42.000 kg befördern.

Die A300-600 kommt zum Einsatz

Im Dezember 1980 kündigte Airbus S.A.S. die A300-600 an. Diese löste ab 1984 die Vorgängermodelle A300B2 und A300B4 ab.

Bei der A300-600 flossen alle Erfahrungen und Verbesserungen, die bereits bei der A310 verwirklicht wurden mit ein. Durch den Einbau von wirtschaftlicheren Triebwerken, Änderungen des Flügelprofils und Gewichtseinsparungen durch die Verwendung von Kunststoffen, konnte eine Leistungssteigerung erzielt werden, so daß sich die neue Maschine auch für Langstreckeneinsätze eignete.

Auch Iran Air hat die A300-600 im Einsatz. Hier die EP-IBB

Gegenüber der A300B wurde der Rumpf hinter der Tragfläche um 1,59 m verlängert und bot nun 267 Passagieren Platz. Da gleichzeitig ein neuer, kürzerer Heckkonus zum Einbau kam, veränderte sich die Rumpflänge nur um 0,53 m. Das Höhenleitwerk wurde einschließlich der Trimmtanks komplett von der A310-300 übernommen. Das vollelektronische Zweimann-Cockpit ist weitgehend mit dem der A310 identisch. Ebenfalls von der A310 stammt die neue Hilfsturbine (APU), einfache Fowlerklappen und die an den Flügelenden angeordneten dreieckigen „Fences".

Im Unterdeck können entweder 23 LD-3-Container mit je 1.000 kg Nutzmasse oder zehn LD-3 und vier Paletten mit insgesamt 30.000 kg Nutzmasse verladen werden.

Am 8.Juli 1983 absolvierte die erste A300-600 ihren Erstflug. Im April 1984 erhielt Saudia als erste Fluggesellschaft die A300-600. Als zweite Version kam die A300-600R mit einer Reichweite von 7.500 km auf den Markt. Die A300-600R verfügt über die für ausgedehnte Überwasserflüge (ETOPS) vorgeschriebene Sonderzulassung. Erstkunde und gleichzeitig auch größter A300-600R Betreiber wurde American Airlines mit einer Flotte von 35 Flugzeugen. Die erste Maschine ging im Mai 1988 in den Liniendienst. Japan Air System übernahm im Juni 1998 ihre 18. A300-600R. Außerdem betreibt JAS noch neun A300B2 und acht A300B4.

Der Frachter A300-600F

1991 bestellte Federal Express 15 als reine Frachtflugzeuge ausgelegte A300-600F. Diese Bestellung wurde inzwischen auf 36 Flugzeuge erhöht. Die Frachtausfüh-

Japan Air System erhielt im Sommer 1991 ihre ersten A300-600R. Die Fluggesellschaft wurde 1980 erster Airbus-Kunde in Japan

Im Mai 1990 erhielt Egypt Air ihre erste vom neun A300-600R

rung verfügt über einen verstärkten Kabinenboden, ein 9g-Crashnetz, eine Frachtraum-Rauchmeldeanlage sowie links im Vorderrumpf ein zusätzliches Frachttor mit einer Abmessung von 2,57 x 3,58 m. Im Rumpf entfallen alle Kabinenfenster und bis auf die vorderen zwei alle Kabinentüren. Die maximale Nutzmasse beträgt 54.780 kg, wobei eine Reichweite von 3.520 km erzielt wird. Angetrieben wird die A300-600 durch zwei CF6-80C2-Triebwerke, die erstmals über eine computeroptimierte digitale Triebwerksregelung verfügen. Der Erstflug konnte am 2. Dezember 1993 durchgeführt werden. Die Auslieferung der ersten Maschine erfolgte am 27. April 1994. Im September 1998 konnte Airbus S.A.S. einen Großauftrag über 30 A300-600F und 30 Optionen von United Parcel Service entgegennehmen.

Von allen Versionen der A300 wurden bis zum 31. Oktober 2003 589 Flugzeuge bestellt, ausgeliefert sind 525 Flugzeuge.

AIRBUS A300-600R

Hersteller:	Airbus S.A.S., Frankreich
Verwendung:	Mittel- und Langstrecken-Verkehrsflugzeug für 259–361 Passagiere
Besatzung:	Zwei Piloten und acht bis zehn Flugbegleiter
Triebwerke:	Zwei Mantelstromtriebwerke General Electric CF6-80C2A1 mit je 262,4 kN (26.762 kp) oder Pratt & Whitney PW4156 mit je 249 kN (25.401 kp) Standschub mit Schubumkehranlage

Abmessungen und Leistungen:

Spannweite:	44,84 m
Länge:	54,08 m
Höhe:	16,62 m
Flügelfläche:	260,0 m²
Pfeilung:	28 Grad
Flächenbelastung:	660,4 kg/m²
Rüstmasse:	89.500 kg
max. Startmasse:	171.700 kg
max. Landemasse:	140.000 kg
max. Nutzmasse:	44.178 kg
Tankkapazität:	73.000 Liter
max. Reisegeschwindigkeit auf 7620 m Höhe:	890 km/h
wirtschaftliche Reisegeschwindigkeit:	860 km/h
Landegeschwindigkeit:	255 km/h
Dienstgipfelhöhe:	12.200 m
Steigleistung:	600 m/min
Reichweite mit voller Nutzmasse:	5.000 km
Treibstoffverbrauch im Reiseflug:	8.250 l/h
Erstflug:	8. Juli 1983

Im Einsatz bei:
American Airlines, China Airlines, China Eastern Airlines, European Air Transport, Federal Express, Indian Airlines, Japan Air System, Korean Air, Lufthansa, Saudia, Thai Airways International, United Parcel Service

Delta Air Lines hatte 18 Airbus A310-324 (ET) und sieben A310-222 (ex PAN AM) in seiner Flotte. Die abgebildete A310-324 (ET) N835AB flog ab 1993 bei Delta

Die A310 war der erste Schritt zur Airbus-Flugzeugfamilie. Sie wurde als Passagier- und Frachtflugzeug gebaut. Mehrere Luftwaffen setzen die A310 als Transportflugzeug ein.

Auf Anregungen mehrerer Fluggesellschaften begann Airbus S.A.S. im Juli 1978 mit der Entwicklung der A310, einer verkleinerten Ausführung der A300 für die Kurzstreckenflüge. Lufthansa und Swissair waren die Launching Customer.

Die A310 bedeutete den ersten Schritt in Richtung der Airbus-Flugzeugfamilie. Der Rumpfquerschnitt der A310 entspricht mit einem Durchmesser von 5,64 m dem der A300, jedoch wurde der Rumpf der A310 gegenüber dem Vorgängermodell A300 um 13 Spanten, was sieben Metern entspricht, verkürzt und bietet 178 bis 280 Passagieren Platz.

Die Tragflächen mit einer kleineren Spannweite wurden bei BAE Systems entwickelt. Die äußeren Querruder an den Tragflügeln entfielen. Durch die neuen Tragflächen konnte gegenüber der A300 eine Treibstoffeinsparung von 20 Prozent erreicht werden. Die Verwendung von CFK-Bauteilen brachte eine Gewichtseinsparung von rund 500 kg. Zu den weiteren Unterschieden gehören Änderungen am Fahrwerk, Heck und Leitwerk.

Der Frachtraum der A310 hat ein Volumen von 60 m³. Es können 14 LD-3-Container oder drei Paletten und sieben Container untergebracht werden. Die

Treibstofftanks der A310-200 fassen maximal 55.000 Liter, die der A310-300 bis zu 61.100 Liter.

Erstes Zwei-Mann-Cockpit im Einsatz

Die A310 entspricht dem Stand der Technik in den achtziger Jahre und war das erste Großraumverkehrsflugzeug mit einem Zweimann-Cockpit und digitalisiertem Cockpit. Ein Teil der Instrumentierung wurde auf Multifunktionsdisplays umgestellt. Die A310 verfügt über ein Electronic Flight Instrument System (EFIS) und ein Flight Management System (FMS).

Da die A310 in vielen Bereichen der A300 entsprach, konnte auf den Bau eines Prototypen verzichtet werden. Beide Flugzeugtypen, die A300-600 wie die A310, werden auf derselben Montagestraße hergestellt. Die A310 gibt es in vier Versionen, der A310-200 (Basisversion), der A310-200C (Convertible, gemischte Passagier/Frachtversion) mit einem Frachttor im vorderen Kabinenbereich. Innerhalb von 15 Stunden kann man die A310-200C zu einem Vollfrachter mit 40 Tonnen Nutzmasse umrüsten. Sowie die A310-200F (Frachter) und die A310-300, eine Passagierversion mit erhöhter Reichweite.

Die erste A310 mit Kennzeichen F-WZLH hatte am 16. Februar 1982 ihren Roll-out und startete am 3. April 1982 in Toulouse zum Erstflug. Sie wurde am 21. März 1984 von der Swissair als HB-IPE übernommen. Als zweite Maschine flog die F-WZLI am 13. Mai 1982, die 1986 von der Air France übernommen wurde. Die dritte A310 mit dem Testkennzeichen F-WZLJ ging am 9. März 1984 als D-AICA an die Lufthansa.

Airbus A310-324 (F-OGYR) der Aerolineas Argentinas. Vor ihrem Einsatz bei Aerolineas Argentinas flog dieser Airbus bei PAN AM und Delta Air Lines

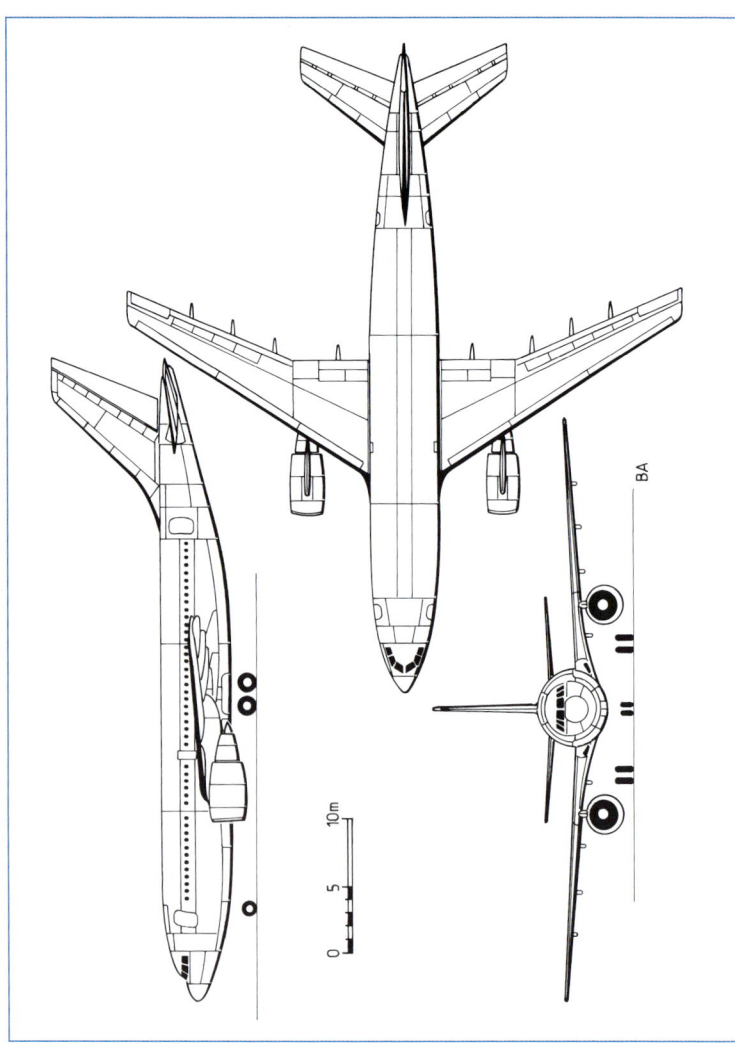

10m

5

0

BA

Aufnahme des Linienverkehrs

Swissair und Lufthansa hatten jedoch bereits am 25. März 1983 (HB-IPA) beziehungsweise am 29. Juni 1983 (D-AICB) ihre ersten A310 übernommen, mit denen sie den Linienverkehr eröffneten. Beide Fluggesellschaften entschieden sich für verschiedene Triebwerke. Die Lufthansa wählte als Antrieb das General Electric CF6-80 aus, die Swissair das Pratt & Whitney JT9D-7R4. Diese Triebwerke weisen ein hohes Nebenstromverhältnis und einen geringen spezifischen Kraftstoffverbrauch auf. Sie sind im Betrieb umweltfreundlich und leise. Auf Wunsch ist auch das Rolls-Royce RB.211-524B4 erhältlich.

Bei der am 1. März 1984 an die Sabena ausgelieferte A310-200 wurde die Startmasse auf 142.000 kg erhöht. Die Maschine hatte eine Reichweite von 6.500 km.

Martinair übernahm im Dezember 1984 die erste A310-200C. Nach der Ablieferung von 85 Einheiten wurde die Produktion der A310-200 eingestellt.

Die A310 wird weiterentwickelt

Das Nachfolgemuster war die A310-300. Sie weist ein auf 157.000 kg erhöhtes Startgewicht auf wird auf Interkontinentalstrecken eingesetzt. Die A310-300 unterscheidet sich von den früheren Versionen durch einen zusätzlichen 6.100 Liter fassenden Treibstofftank in der Höhenflosse, eine aus CFK gefertigte Heckflosse und Winglets zur Reduzierung des Luftwiderstandes.

Der Trimmtank im Leitwerk dient nicht nur zur Vergrößerung der Treibstoffmenge, sondern auch zum optimalen Austrimmen des Flugzeugs im Flug. Zur Vergrößerung

Anfang der 90er Jahre erhielt auch Aeroflot die ersten Airbus A310. Abgebildet ist die F-OGOR

der Reichweite besteht die Möglichkeit, einen Zusatztank im hinteren Laderaumbereich einzubauen, so daß insgesamt 68.100 Liter zur Verfügung stehen.

Die erste A310-300 führte am 8. Juli 1985 ihren Jungfernflug aus. Wiederum war es die Swissair, die im Februar 1986 mit dieser Version als erste Fluggesellschaft den Liniendienst aufnahm. Austrian Airlines nahm mit zwei A310-300 am 16. Juli 1989 die Strecke von Wien nach New York und Tokio auf. Im damaligen Ostblock startete den ersten Linieneinsatz mit westlichen Verkehrsflugzeugen Interflug und CSA ab Sommer 1989 mit je drei A310-300. Die A310 ist das erste westliche Verkehrsflugzeug, welches im Oktober 1991 die russische Zulassung erhielt. So konnten bis heute elf A310 an Aero-

flot, drei an Uzbekistan Airlines, eine an Armenian Airlines, eine an Kyrgyzstan Airlines und zwei an Sakha Airlines geliefert werden.

Bei der Flugbereitschaft des BMVg stehen heute sieben A310 im Einsatz. Bei drei Maschinen handelt es sich um die früheren A310 der Interflug. Sie wurden bei Lufthansa Technik zu VIP-Transportern umgebaut. Ihr Einsatzgebiet umfaßt den Personal- und Materialtransport sowie humanitäre Einsätze. Ab Mitte 1998 wurden die Flugzeug auf den MRT-Standard (Multi Role Transporter) umgebaut. Diese Arbeiten führten EADS in Dresden und Lufthansa Technik in Hamburg durch. Dabei erhielten die Flugzeuge eine große Frachtluke im Oberdeck und Rollkugelmatten im Frachtraumboden, die eine schnellere

Ein Airbus A310 der mexicanischen Charterfluggesellschaft Aerocancun

Auf den Strecken nach Europa setzt Air Afrique die Airbus A310 ein

AIRBUS A310-300

Hersteller: Airbus S.A.S., Frankreich

Verwendung: Kurz-, Mittel- und Langstrecken-Verkehrsflugzeug für 178 bis 280 Passagiere

Besatzung: Zwei Piloten und sechs bis zehn Flugbegleiter

Triebwerke: Zwei Mantelstromtriebwerke General Electric CF6-80A3 mit je 238,0 kN (24267 kp) bzw. CF6-80C2A8 mit je 262,4 kN (26762 kp) oder zwei Pratt & Whitney PW4152 mit je 231,2 kN (23586 kp) bzw. PW4165A mit je 249,1 kN (25400 kp) Standschub

Abmessungen und Leistungen:

Spannweite:	43,90 m
Länge:	46,66 m
Höhe:	15,81 m
Rumpfdurchmesser:	5,64 m
Flügelfläche:	219,0 m²
Pfeilung:	28 Grad
Streckung:	8,8
Flächenbelastung:	713,6 kg/m²
Rüstmasse:	81.200 kg
max. Startmasse:	150.000 kg
max. Landemasse:	123.000 kg
max. Nutzmasse:	34.000 Kg
Tankkapazität:	68.100 l
max. Reisegeschwindigkeit:	897 km/h
Landegeschwindigkeit:	260 km/h
Dienstgipfelhöhe:	12.550 m
Steigleistung:	780 m/min.
Reichweite mit voller Nutzmasse:	8.000 km
Treibstoffverbrauch im Reiseflug:	5.200 l/h
Erstflug:	3. April 1982

Im Einsatz bei:

Aeroflot, Air France, Air India, Federal Express, Hapag Lloyd, Iran Air, Kalifa Airways, Lufthansa, Pakistan International Airlines, Royal Jordanian, Singapore Airlines, Turk Hava Yollari (THY)

Frachtbeladung ermöglichten und den Umbau für verschiedene Aufgaben vereinfachten. In kürzester Zeit kann das VUK-Modul (Verwundeten- und Krankentransport) eingerüstet werden, das für MEDEVAC-Einsätze (Medical Evacuation) benötigt wird. Als erste A310-304 MRT stand die 10+24 „Otto Lilienthal" ab Ende März 1999 zur Verfügung. Sie kam bereits April 1999 im Rahmen der Hilfsflüge für Kosovo-Flüchtlinge zum Einsatz. Weitere Hilfsflüge waren im April 2002 die Rückführung der schwerverletzten Opfern des Bombenattentats auf der tunesischen Insel Djerba und die Evakuierung von Intensivpatienten aus den von Hochwasser bedrohten Krankenhäusem in Dresden bei der Flutkatastrophe in Ostdeutschland im August 2002.

Bis zum 31. Oktober 2003 wurden 260 A310 der Versionen -200 und -300 bestellt, von denen zu diesem Zeitpunkt 255 Maschinen ausgeliefert waren. Zur Zeit stehen noch 243 Maschinen im Einsatz.

Der Airbus A318 Prototyp (F-WWIA) mit CFM-56-5 Triebwerken während seines Erstflugs am 29. August 2002

Die A318 ist das kleinste Modell der Airbus-Familie. Der Erstflug erfolgte im Januar 2002. Die Aufnahme des Liniendienstes fand 2003 statt. Durch den Terroranschlag in den USA gingen die Bestellungen für das Flugzeug drastisch zurück.

Auf der Luftfahrtschau in Farnborough im September 1998 gab Airbus den Start der Entwicklungsarbeiten für die zweistrahlige A318 bekannt. Sie ist eine verkürzte Version der A319. Mit ihr können Fluggesellschaften, die bereits Airbus-Flugzeuge einsetzen, ihren Kunden gleichbleibenden Komfort- und Technologiestandard bieten.

Die Air France als Erstbesteller unterzeichnete am 26. April 1999 einen Vertrag zur Lieferung von 15 Flugzeugen. Als Antrieb wurde das CFM56-5B ausgewählt. Am 9. Oktober 2003 übernahm Air France mit der F-GUGA seine erste A318.

Die Auslegung des Cockpits entspricht den anderen Flugzeugen der A320 und A330/340-Familie, so daß die Piloten keine bzw. nur eine geringe zusätzliche Schulung benötigen.

Gegenüber der A319 wurde der Rumpf vor den Tragflächen um 0,79 m und hinter den Tragflächen um 1,59 m gekürzt, so daß die Rumpflänge jetzt 31,44 m beträgt. Dies hatte auch zur Folge, daß eine kleinere Frachttür mit einer Breite von 1,22 m eingebaut werden mußte.

Das Beibehalten des Rumpfstruktur der A320-Familie bringt auch Nachteile mit sich. Diese Struktur muß im Einsatz bei der A321 bis zu 24.000 kg mehr ver-kraften als bei der A318. Dadurch wiegt das Flugzeug auch erheblich mehr als unbedingt notwendig wäre, was sich beim Treibstoffverbrauch und den höheren Landegebühren bemerkbar macht.

Verschiendene Versionen

Mit einer typischen Zwei-Klassen-Ausle-gung faßt die Airbus A318-Kabine 107 Pas-sagiere, wobei acht in der First Class und 99 in der Economy Class Platz finden. In einer Ein-Klassen-Ausführung können 117 Economy-Passagiere und im Einsatz für Charterfluggesellschaften 129 Fluggäste befördert werden. Die A318 wird in sechs verschiedenen Varianten angeboten. Mit dieser Variantenvielfalt spricht Airbus spe-ziell die nordamerikanischen Luftverkehrs-gesellschaften an, die eine größere Ein-

satzflexibilität mit unterschiedlichen Nutz-massen wünschen.

Neue Triebwerke

Den Antrieb des Flugzeuges übernehmen je nach Kundenwunsch entweder die neu entwickelten PW6000-Triebwerke oder das leistungsreduzierte CFM56-5B.

Mit der Fertigung der ersten Teile wurde Ende Oktober 2000 begonnen und am 21. Mai 2001 konnten die Rumpfabschnit-te 13 und 14 nach Saint-Nazaire geliefert werden. Die Endmontage des Prototyps begannen am 9. August 2001 in Finken-werder. Im Oktober 2001 wurden die bei-den PW6000-Triebwerke angebaut.

Der Erstflug

Der Prototyp mit der Zulassung F-WWIA startete am 15. Januar 2002 in Hamburg-

Die US-Fluglinie fliegt ausschließlich Airbus-Muster

Finkenwerder zum Erstflug mit einer Dauer von 3 Stunden und 44 Minuten. Geflogen wurde die Maschine vom Chefpiloten des Airbus Werkes in Finkenwerder Bernd Schaefer, der als Kapitän fungierte und dem Airbus-Chefpiloten Jacques Rosay als Co-Pilot. Außerdem waren die Flugingenieure Manfred Birnfeld, Hermann Schmöckel und Bernard Kamps mit an Bord.

Bereits beim Erstflug wurde der gesamte erlaubte Flugbereich, von der Mindestgeschwindigkeit bis zur höchstzulässigen Geschwindigkeit von Mach 0,82 erprobt. Außerdem erfolgten noch Tests des Flugsteuersystems, der Klappen und des Fahrwerks. Auch wurde bereits die Dienstgipfelhöhe von 11.890 m erreicht. An Bord der 57.500 kg schweren Maschine befanden sich rund 7.000 kg Flugtestinstrumente. Für die Verkabelung wurden 94 km Leitungen verlegt. Die weitere Erprobung wurde in Toulouse durchgeführt.

Die Erprobungsdauer des ersten Prototyps wurde auf 450 Flugstunden, die des zweiten Prototyps auf 300 Flugstunden angesetzt. Für beide Maschinen waren PW6000 Triebwerke vorgesehen. Zur Abnahme des CFM56, mit dem auch die anderen Flugzeuge der A320-Familie ausgerüstet sind, sind 150 Flugstunden vorgesehen.

Triebwerksprobleme

Da es bei der Entwicklung des Pratt & Whitney PW6000 Triebwerks zu Problemen kam, mußte das Erprobungsprogramm geändert werden. Das neue Triebwerk verbrauchte wesentlich mehr Treibstoff, als der Hersteller zusicherte. Dies lag am Hochdruckverdichter, dessen Wirkungsgrad zu niedrig ist. Der erste Prototyp wurde nach seinem Erstflug mit dem PW6000 im Juni 2002 auf die CFM56-5B Triebwerke umgerüstet und nahm im

Frontier-Maschinen zeigen eine auffällige Bemalung der Heckflosse

Die A318 (F-WWIA) rollt in Hamburg-Finkenwerder zum Start zu ihrem Erstflug

AIRBUS A318

Hersteller:	Airbus S.A.S., Deutschland
Verwendung:	Kurzstrecken-Verkehrsflugzeug für 99 bis 129 Passagiere
Besatzung:	Zwei Piloten
Triebwerke:	Zwei Mantelstromtriebwerke Pratt & Whitney PW6122 bzw. PW6124 oder CFM International CFM56-5B/P mit je 89 kN bis 102,3 kN (9.070 bis 10.430 kp) Schub

Abmessungen und Leistungen:

Spannweite:	34,10 m
Länge:	31,45 m
Höhe:	12,55 m
Flügelfläche:	122,40 m²
Rumpfdurchmesser:	3,96 m
Kabinenbreite:	3,70 m
Kabinenlänge:	21,38 m
Rüstmasse:	39.035 kg
max. Startmasse:	61.500 kg
max. Landemasse:	57.500 kg
max. Nutzmasse:	13.340 kg
max. Masse ohne Kraftstoff:	54.500 kg
max. Rollmasse:	59.400 kg
max. Tankkapazität:	23.860 Liter
optimale Reisegeschwindigkeit:	Mach 0,78
max. Geschwindigkeit:	Mach 0,82
Dienstgipfelhöhe:	13.650 m
Startstrecke:	1.350 m–1400 m
Landestrecke:	1340 m
Reichweite mit max. Nutzmasse:	2.800 km
Erstflug:	15. Januar 2002

Im Einsatz bei:
Air China, Air France, America West Airlines, British Airways, CIT, Egypt Air, Frontier Airlines, GECAS, ILFC

August das Zulassungsprogramm wieder auf. Der zweite Prototyp wurde mit den PW6124-Triebwerken fertiggestellt und startete am 7. Juni 2002 zu seinem Jungfernflug. Der erste Prototyp soll, sofern alle Probleme behoben sind, im Herbst 2004 wieder auf das PW6000 zurückgerüstet werden, so daß die Zulassung und die ersten Auslieferungen dieser Version bis Ende 2005 erfolgen können.

Am 23. Mai 2003 wurde der A318 mit CFM56-5B Triebwerken die Zulassung der europäischen JAA erteilt. Die der amerikanischen FAA erfolgte im Juni. Die erste A318 wurde am 22. Juli 2003 an Frontier Airlines ausgeliefert. Das Flugzeug war die 2000. Maschine der A320-Familie, das zur Auslieferung kam.

Auf Grund der Ereignisse am 11. September 2001 in New York überdachten die Fluggesellschaften ihre Planungen und stornierten zum Teil auch bei Airbus S.A.S. drastisch ihre Bestellungen. Nachdem British Airways seine Bestellung über zwölf A318 in A321 geändert hat und Egypt Air anstelle der fünf A318 jetzt fünf A320 übernimmt, hat sich die Anzahl der bestellten A318 bis zum Oktober 2003 auf 81 Flugzeug reduziert.

Air Canada ist mit 35 bestellten A319 einer der größten Betreiber dieses Typs

Die A319 hat sich bei den Fluggesellschaften als Ergänzung zur A320/321-Flotte durchgesetzt und lässt sich gut verkaufen. Sie wird vor allem auf Kurz- und Mittelstrecken eingesetzt. Größter Einzelbesteller ist Easy Jet. 42 Kunden haben 704 Flugzeuge bestellt.

Die A319 gehört zur Familie der Standardrumpf-Flugzeuge. Diese wird gebildet aus der A318, A319, A320 und der A321. Durch diese Familie erhalten die Fluggesellschaften die Möglichkeit, die Passagierkapazität an das Verkehrsaufkommen anzupassen. Die A319 wird vorwiegend auf Kurz- und Mittelstrecken eingesetzt.

Alle vier Flugzeugtypen haben das gleiche Basis-Cockpit und weisen die gleichen Flugeigenschaften auf. Die Piloten besitzen normalerweise eine gemeinsame Typenberechtigung für diese Flugzeuge, so daß sie für einen Wechsel der Maschine keine zusätzliche Ausbildung benötigen.

Einsatz desselben Personals spart Geld

Ebenso kann zur Wartung dasselbe Personal eingesetzt werden, was zu erheblichen Kosteneinsparungen bei den Fluggesellschaften führt. Als Antrieb kommen CFM56-5B6-Triebwerke von CFM International oder V2500-A5-Triebwerke von International Aero Engines zum Einbau, wobei die in der A319 eingebauten Triebwerke in der Leistung auf je 104,5 kN gedrosselt wurden. Die Leistungsreduzierung wurde notwendig, um das Flugverhalten der leichteren Maschine an das Verhalten der beiden größeren Typen anzupassen.

Die A319 entstand auf der Basis der A320. Es wurden alle Änderungen berücksichtigt, die bei der A320 und A321 durchgeführt wurden und befindet sich somit auf dem neusten technischen Stand. Im Prinzip handelt es sich um eine Reihe baugleicher Flugzeuge mit unterschiedlichen Rumpflängen und Gewichten, die in Modulbauweise hergestellt werden. Der Anteil der bei allen Versionen verwendeten baugleichen Teilen liegt bei 95 Prozent.

Gegenüber der A320 wurde bei der A319 der Rumpf um einzelne Segmente vor und hinter der Tragfläche mit einer Gesamtlänge von 3,73 m gekürzt. Der Unterschied zur A321 beträgt 10,67 m. Von der A320 wurden das Höhen-, Sei-

ten- und die Querruder komplett übernommen. Auch die Tragflächen mit den Integraltanks fanden Verwendung.

Identisches Cockpit

Wie schon erwähnt ist auch das Cockpit größtenteils identisch. Eine wichtige Neuinstallation ist das Global Positioning System (GPS). Das Satellitennavigationssystem soll das Trägheitsnavigationssystem als Hauptnavigationsanlage ablösen. Außerdem kam eine größere Datenbank für die Navigation zum Einbau. Der Flight Control Computer des Fly-by-Wire-Systems wurde an das Steuerverhalten des Flugzeugs angepaßt und der Flight Management and Guidance Computer erhielt die neueste Software.

In der typischen Zweiklassenauslegung mit nur einem Mittelgang in der Kabine

Lufthansa setzt die A319 als Ergänzung zur A320/321-Flotte ein

bietet die A319 Platz für 124 Passagiere. In der Passagierkabine sind zwei Klimaanlagen eingebaut, die mit neuen Steuergeräten für die Temperaturregelung in den einzelnen Kabinenbereichen ausgerüstet sind. Im Unterflurfrachtraum finden vier LD3-46 Container Platz. Die Endmontage und Innenausstattung der A319 wird zusammen mit der A321 bei der Airbus Deutschland in Hamburg durchgeführt.

Programmstart

Der Start des A319-Programms wurde am 10. Juni 1993 offiziell bekanntgegeben. Mit der Endmontage der ersten A319 wurde am 23. März 1995 begonnen. Der Rollout fand am 24. August statt und einen Tag später, am 25. August 1995 startete die A319 in Hamburg zu ihrem Erstflug der drei Stunden und 50 Minuten dauerte. Pilot beim Erstflug war Cheftestpilot Udo Günzel, Co-Pilot Claude Lelaine und als Flug-

ingenieure waren Fernado Alonso, Manfred Birnfeld und Gerard Desbois an Bord. Zur Flugerprobung in Toulouse wurde sie am 29. August überführt. Das zweite Flugzeug beteiligte sich ab dem 31. Oktober 1995 an der Testreihe, die rund 650 Flugstunden umfaßte. Auf dem Rückflug von einer Demonstrationstour in Südamerika legte die A319 im März 1996 eine Strecke von 6.590 km nonstop zurück. Am 10. April 1996 wurde die Typenzulassung für die mit CFM56-5B ausgerüstete A319 durch die JAA erteilt. Vom Start des Programms bis zum ersten Linieneinsatz wurden nur zweieinhalb Jahre Entwicklungszeit benötigt. Den ersten Linienflug führte im April 1996 die Swissair durch. Am 14. Januar 1997 erhielt Air Canada die zweite von 35 bestellten A319. Auf dem Auslieferungsflug legte sie die 6.645 km nach Winnipeg in neun Stunden und fünf Minuten zurück und hat dabei einen neuen Weltrekord aufgestellt.

Silk Air aus Singapore betreibt vier A319 und fünf A320

Die 120 Minuten ETOPS-Zulassung für die A319 mit CFM56-5 als auch mit V2500-A5 Triebwerken wurde am 14. Februar erteilt. Das 1500. Flugzeug von Airbus S.A.S., eine A319, erhielt am 18. Februar 1997 die Lufthansa. Die 100. A319 mit der Werknummer 871 verließ im August 1998 die Endmontagestraße in Hamburg und wurde an United Airlines ausgeliefert.

Privatair aus der Schweiz betreibt im Auftrag der Lufthansa zwei Airbus A319LR auf den Strecken von Düsseldorf nach Newark und Chicago. Die Kabine dieser beiden Flugzeuge bietet 48 Personen Platz. Durch vier zusätzliche Tanks im Frachtraum erreichen die Maschinen interkontinentale Reichweiten. Ausgangsmuster für die A319LR ist die A319CJ.

Zur Zeit stehen zwei Ausführungen mit unterschiedlicher Abflugmasse und Reichweite in der Fertigung. Mit einer Reichweite von bis zu 5.000 km fliegt die A319 in ihrer Klasse am weitesten.

Bis zum 31. Oktober 2003 lagen 909 Bestellungen vor, von denen 547 Flugzeuge ausgeliefert waren.

AIRBUS A319

Hersteller:	Airbus S.A.S., Deutschland
Verwendung:	Kurz- und Mittelstrecken-Verkehrsflugzeug für 124 bis 145 Passagiere
Besatzung:	Zwei Piloten und drei bis vier Flugbegleiter
Triebwerke:	Zwei Mantelstromtriebwerke CFM International CFM56-5A/B mit je 98 bis 104 kN (10.160/10.500 kp) Standschub oder zwei IAE V2500-A5 mit gleicher Leistung

Abmessungen und Leistungen:

Spannweite:	34,10 m
Länge:	33,80 m
Höhe:	11,80 m
Flügelfläche:	123,0 m²
Pfeilung:	25 Grad
Flächenbelastung:	555,10 kg/m²
Rumpfdurchmesser:	3,96 m
Rüstmasse:	40.100 kg
max. Startmasse:	75.500 kg
max. Landemasse:	62.500 kg
max. Nutzmasse:	18.400 kg
max. Tankkapazität:	26.760 Liter
max. Reisegeschwindigkeit auf 10.050 m Höhe:	900 km/h
Reisegeschwindigkeit auf 11.280 m Höhe:	840 km/h
Landegeschwindigkeit:	230 km/h
Dienstgipfelhöhe:	12.500 m
maximale Reichweite:	6.500 km
Reichweite mit vollen Tanks und 124 Passagieren:	3.350 km
Treibstoffverbrauch im Reiseflug:	2.500 l/h
Erstflug: 25. August 1995	

Im Einsatz bei:
Air Canada, America West Airlines, British Airways, CIT, EasyJet, GECAS, ILFC, Lufthansa, Nothwest Airlines, TAM, TAP-Air Portugal, United Airlines, US Airways

Eine A320 der Swiss im Flug über die Alpen

Das Basismodell der Standardrumpf-Flugzeuge ist die A320, aus der die A318, A319 und A321 abgeleitet wurden. Sie kommt auf Kurz- und Mittelstrecken zum Einsatz und ist die am meisten verkaufte Version der Airbus Standardrumpf-Flugzeuge.

Den Start des A320-Programms gab Airbus offiziell am 2. März 1984 bekannt. Ausgelegt ist die A320 als Kurz- und Mittelstreckenflugzeug für 150 bis 180 Passagiere. Die A320 wurde von Grund auf neu entwickelt. Sie ist eines der wenigen modernen Verkehrsflugzeuge, die nicht eine Weiterentwicklung oder eine verbesserte Ausführung eines bereits bestehenden Modells darstellen.

Die bei BAe konstruierten Tragflügel haben eine relativ kleine Fläche und eine Pfeilung von 25 Grad. Bei hohen Geschwindigkeiten wird durch das superkritische Profil eine hohe Wirtschaftlichkeit erreicht.

Erstes Verkehrsflugzeug mit Fly-by-wire-Steuersystem

Erstmals in einem Verkehrsflugzeug kam ein Fly-by-wire-Steuersystem (FBW) zum Einbau. Der traditionelle Steuerknüppel wurde durch einen kleinen Sidestick ersetzt. Die Steuerbefehle werden als elektrische Impulse über Computer, bei denen alle Steuerbefehle und Informationen zusammenlaufen zu den hydraulischen Stellgliedern der Ruder- und Steuerflächen übertragen. Die Computer sind so programmiert, daß die Flugzeuge nicht außerhalb ihres Leistungsprofils in einem kritischen Bereich betrieben werden können.

Voll digitalisiertes Cockpit

Das Cockpit ist voll digitalisiert und mit Bildschirmen und Bordcomputern ausgerüstet. Die Darstellung der Informationen erfolgt auf sechsfarbigen Bildschirmen, die die primären Flugdaten wie Fluglage, Geschwindigkeit und Höhe, die Navigationsdaten und die Triebwerks- und Systemdaten wiedergeben.

Die A320 ist ein sogenanntes Schmalrumpfflugzeug, die nur einen Mittelgang haben. Der Rumpf hat einen Durchmesser von 3,96 m. Die Passagierkabine hat eine Länge von 27,5 m, eine Breite von 3,63 m und ist 2,2 m hoch. Die Laderäume unter der Passagierkabine haben ein Volumen von 40,8 m³ und bieten Platz für sieben LD3-46 Container.

Als Antrieb stehen CFM56-5 oder IAE V2500 Triebwerke zur Auswahl. Das Gewicht konnte durch die konsequente Anwendung neuer Metallegierungen wie Aluminium-Lithium und moderner Kunststoffe erheblich gesenkt werden. Das gesamte Leitwerk, die Querruder, Spoiler und Klappen werden aus Verbundwerkstoffen gefertigt.

Bereits beim Roll-out am 14. Februar 1987 lagen 262 Bestellungen und 157 Optionen für die A320 vor. Am 22. Februar 1987 hob der Prototyp (F-WWAI) von der Piste in Toulouse zu seinen Erstflug ab. Er dauerte drei Stunden und 23 Minuten. Für die Flugerprobung wurden insgesamt vier Flugzeuge eingesetzt.

Die europäische Zulassung mit CFM56-Triebwerken wurde am 26. Februar 1988 erteilt. Die Auslieferung der Serienflug-

Die Lufthansa setzt die komplette A320-Familie ein

zeuge begann am 28. März 1988 mit der Lieferung an Air France, die den Liniendienst am 18. April 1988 aufnahm.

Bei einer Flugvorführung anläßlich eines Flugtags am 26. Juni 1988 stürzte eine der ersten im Linieneinsatz stehenden A320 der Air France in einen Wald bei Mülhausen. Wie durch ein Wunder kamen in der vollbesetzten Maschine nur drei Insassen ums Leben. Die Maschinen überflog den Platz sehr langsam und so niedrig, daß sie vor einem Waldrand nicht mehr rechtzeitig hochgezogen werden konnte. Dies löste heftige Diskussionen über die Zuverlässigkeit des FBW-Systems aus. Als Ergebnis der Unfalluntersuchungen wurde später dann ein Pilotenfehler als Absturzursache genannt. Diese Entscheidung ist jedoch bis heute umstritten.

Airbus A320-200

Nach dem Bau von 21 A320-100 wurden diese im Herbst 1988 in der Produktion von der A320-200 abgelöst. Die A320-100 hat eine Flugmasse von 66.000 kg. Die A320-200 weist eine Startmasse von 73.500 kg auf. Sie erhielt im Tragflügelmittelteil einen zusätzlichen Treibstofftank und an den Tragflügelenden wurden Winglets angebracht, um die an den Flügelspitzen auftretenden Wirbelschleppen zu reduzieren. Die erste A320-200 stellte Ansett Australia im November 1988 in den Liniendienst. Die A320-200 wird so-

Airbus A320 (9H-ABP) in den Farben von Air Malta

wohl mit CFM56-Triebwerken als auch mit den IAE V2500-A1 angeboten. Die mit IAE V2500-A1 Triebwerken ausgerüstete A320 absolvierte ihren Erstflug am 28. Juli 1988. Ihre Musterzulassung erhielt sie am 6. Juli 1989. Erstkunde war Cyprus Airways.

Der A320 Prototyp flog am 10. November 1992 erstmals mit dem V2500-A5 Triebwerk. Der Flug dauerte drei Stunden und 20 Minuten. Das Triebwerk in der für die A320 vorgesehenen Ausführung mit der Bezeichnung V2527-A5 verfügt über einen Standschub von 118 kN. United Airlines war der Erstkunde für diese Triebwerksversion. Im August 1993 wurde die Musterzulassung der JAA für die mit IAE V2527-A5 ausgerüsteten A320 erteilt.

Am 11. Juli 1993 begann Ansett Australia mit ihren Nonstopflügen mit der A320 auf der Strecke von Perth zu den Weihnachts-inseln. Ansett Australia war die erste Fluggesellschaft, die die A320 mit der 120-Minuten ETOPS-Zulassung im Einsatz flog.

Die 500. A320 konnte am 20. Januar 1995 ausgeliefert werden. Sie ging an United Airlines. Im März 1998 feierte die A320 den zehnten Jahrestag ihrer In-betriebnahme bei den Fluggesellschaften. In dieser Zeit wurde von der A320-Familie 517 Millionen Passagiere befördert. Als 3.000. bei Airbus gefertigtes Flugzeug konnte eine A320 am 21. Juli 2002 an Jet-Blue in den USA übergeben werden.

Bis zum 31. Oktober 2003 wurden 1.670 A320 bestellt, wo denen 1219 ausgeliefert waren.

AIRBUS A320

Hersteller:	Airbus S.A.S., Frankreich
Verwendung:	Kurz- und Mittelstrecken-Verkehrsflugzeug für 150 bis 180 Passagiere
Besatzung:	Zwei Piloten und fünf bis sieben Flugbegleiter
Triebwerke:	Zwei Mantelstromtriebwerke CFM International CFM 56-5A/B oder IAE V2500-A5 mit je 111 bis 118 kN (11.540 / 12.270 kp) Standschub

Abmessungen und Leistungen:

Spannweite:	34,10 m
Länge:	37,60 m
Höhe:	11,80 m
Rumpfdurchmesser:	3,96 m
Flügelfläche:	123 m²
Pfeilung:	25 Grad
Flächenbelastung:	625,00 kg/m²
Rüstmasse:	41.900 kg
max. Startmasse:	77.700 kg
max. Landemasse:	64.500 kg
max. Nutzmasse:	19.150 kg
Tankkapazität:	23.860 Liter
max. Reisegeschwindigkeit auf 8500 m Höhe:	903 km/h
wirtschaftliche Reisegeschwindigkeit auf 11.300 m Höhe:	840 km/h
Landegeschwindigkeit:	245 km/h
Dienstgipfelhöhe:	12.500 m
Steigleistung:	770 m/min.
Reichweite mit voller Nutzmasse:	5.500 km
Treibstoffverbrauch im Reiseflug:	2.350 l/h
Erstflug:	22. Februar 1987

Im Einsatz bei:
Air Canada, Air France, America West Airlines, Iberia, Indian Airlines, Intern. Lease Finance Group, Jet Blue Airways, Lufthansa, Northwest Airlines, TAM, United Airlines, US Airways

Airbus A321 von Air Jamaica

Die A321 ist eine Ergänzung zur A320 für stark frequentierte Kurz- und Mittelstrecken und bietet bis zu 220 Passagieren Platz.

Am 27. November 1989 gab Airbus S.A.S. die Entwicklung der A321 bekannt. Die A321 ist eine Weiterentwicklung der A320. Sie soll auf Strecken mit erhöhtem Passagieraufkommen zum Einsatz kommen, auf denen die A320 zu klein ist. Mit einer Reichweite von 4.500 km ist sie das ideale Muster für Kurz- und Mittelstrecken.

Gegenüber der A320 wurde der Rumpf durch zwei zusätzliche Rumpfsektionen um insgesamt 6,9 Meter gestreckt. Die Sektion vor dem Tragflügel hat eine Länge von 4,27 Meter, die dahinter von 2,63 Meter. Die Abflugmasse erhöhte sich um 9.500 kg auf 82.800 kg. Dies hatte zur Folge, daß zahlreiche Bauteile wie der Tragflügel, das Fahrwerk und tragende Zellenteile verstärkt werden mußten. Desweiteren wurden leistungsfähigere Triebwerke eingebaut.

Bei engerer Bestuhlung finden bis zu 220 Passagiere Platz. Die Laderäume haben ein Volumen von 52,2 m^3 und können fünf zusätzliche Container aufnehmen.

Verbesserter Auftrieb durch neues Flügelprofil

Die Tragflügel der vier Standardrumpf-Flugzeuge sind in der Grundauslegung gleich. Durch die Anwendung eines superkritischen Profils, bei dem die Luftströmung über einen großen Teil der Flügelfläche anliegend verläuft und störende Wirbel erst im Bereich der Hinterkante entstehen, konnte das Verhältnis von Auftrieb zu Luftwiderstand gegenüber den herkömmlichen Profilen deutlich verbessert werden. Wie bei allen Airbus-Flugzeugen wurde auch bei der A321 großer Wert auf eine aerodynamisch günstige und gewichtssparende Bauweise gelegt. Die größten Einsparungen konnten beim Leitwerk erzielt werden, da hier 3.900 kg Kohlefaser-Verbundwerkstoffe eingesetzt wurden. Die Einsparung gegenüber einer herkömmlichen Metallkonstruktionen betrug rund 800 kg.

Das Flugzeug ist mit drei voneinander unabhängigen Hydrauliksystemen ausgerüstet. Zwei der Systeme werden von Pumpen in den Triebwerken, das dritte von einer elektrischen Pumpe angetrieben. Kommt es zu einem Fehler in einem der Systeme wird der benötigte Druck durch die beiden verbleibenden Systeme aufrechterhalten, so daß das Fahrwerk ohne Probleme ausgefahren werden kann und auch die Steuerruder bewegt werden können. Bei gleichzeitigem Ausfall des elektrischen Systems und der Triebwerke kann der Druck im Hydrauliksystem über einen Generator, der durch den Luftstrom angetrieben wird, aufrechterhalten werden.

Das Cockpit

Auch bei der A321 erfolgt die Steuerung über Fly-by-wire. Bei dieser Steuerung verarbeiten drei voneinander unabhängige Flugkontroll-Computer die an den Sidesticks von den Piloten ausgelösten Steuersignale. Sollte es zu einem Totalausfall der Systeme kommen, ist es möglich das Flugzeug über die zur Trimmung verwendeten mechanischen Verbindungen zu den wichtigsten Steuerflächen zu lenken und zu landen.

Die Piloten können in dem eingebauten Flugmanagement-System Flugstrecken

Die Lufthansa gehört mit zu den größten Airbus-Kunden

Airbus A321 (CS-TJE/ D-AVZM) von Air Portugal kurz nach dem Aufsetzen auf der Landebahn

einprogrammieren oder auch bereits gespeicherte Routen aufrufen. Autopilot, Triebwerk- und Flugleistung sowie die vertikale und die horizontale Fluglage des Flugzeugs werden durch dieses System überwacht. Die manuelle Steuerung des Flugzeugs über den Sidestick wird im Normalfall nur bei Start und Landung genutzt.

Hauptanzeigegeräte sind sechs Farbbildschirme, auf denen Geschwindigkeit, Höhe, Triebwerks- und Systemdaten sowie Fluglage und die Navigationsdaten dargestellt werden. Die wichtigsten Informationen werden auch noch auf konventionellen Instrumenten angezeigt. Dargestellt werden nur die wichtigsten momentanen Daten, so daß die Piloten keinem Überangebot an zu verarbeitenden Informationen ausgesetzt sind und sich so auf das Wesentliche konzentrieren können.

Für die A318, A319, A320 und A321 benötigen die Piloten nur eine Typenberechtigung, da alle drei Flugzeuge über ein fast identisches Cockpit verfügen.

Die Endmontage der ersten A321 begann am 15. Juni 1992. Der Erstflug des ersten von vier Erprobungsmustern fand am 11. März 1993 statt. Die Zulassung wurde im März 1994 erteilt. Die Produktion der A321 erfolgt in Hamburg-Finkenwerder. Am A321-Programm sind erstmals die Partnerfirmen Alenia und Kawasaki mit beteiligt.

Die Lufthansa stellte ihre erste Maschine am 27. Januar 1994 in Dienst.

Die A321 wird flügge

Unter der Bezeichnung A321-200 entstand eine schwerere Ausführung, die durch den Einsatz leistungsfähigerer Triebwerke und einer bis auf 89.000 kg erhöhten Abflugmasse und größerer Treibstoffzuladung Reichweiten bis zu 6400 km erreicht. Der Erstflug erfolgte am 12. Dezember 1996.

Anfang Mai 1998 wurde mit der Montage der 100. A321 begonnen. Das Flugzeug war für Alitalia bestimmt und startete am 1. Juli 1998 zu seinem Erstflug. Als erste Ferienfluggesellschaft kommt die A321 bei Onur Air zum Einsatz, die ihre erste Maschine am 30. Juni 1998 übernahm. Sie kommt auf den Strecken ab Istanbul zwischen der Türkei und Westeuropa sowie dem Mittleren Osten zum Einsatz. Mit der Auslieferung einer A321 an Sichuan Airlines konnte Airbus in China die erste A321 plazieren.

Die A320-200IGW verfügt über eine erhöhte Startmasse von 93.000 kg. Als erster Kunde bestellte im Juli 1999 Spanair diese Ausführung.

Mit Stand 31. Oktober 2003 lagen 414 Bestellungen für die A321 vor, davon waren 283 Einheiten ausgeliefert.

Airbus A321 von All Nippon Airways mit einer interessanten Bemalung. Die Bilder zeigen verschiedene Motive aus Japan

AIRBUS A321-100

Hersteller:	Airbus S.A.S., Deutschland
Verwendung:	Kurz- und Mittelstrecken-Verkehrsflugzeug für 186 bis 220 Passagiere
Besatzung:	Zwei Piloten und sechs bis zehn Flugbegleiter
Triebwerke:	Zwei Mantelstromtriebwerke IAE V2530-A5 mit je 137,8 kN (14.060 kp), CFM International CFM56-5B1 mit je 133,4 kN (13.607 kp) oder zwei CFM56-5B2 mit je 137,9 kN (14.063 kp) Standschub

Abmessungen und Leistungen:

Spannweite:	33,91 m
Länge:	44,51 m
Höhe:	11,76 m
Rumpfdurchmesser:	3,95 m
Kabinenbreite:	3,70 m
Kabinenhöhe:	2,13 m
Flügelfläche:	126 m²
Pfeilung:	25 Grad
Streckung:	9,39
Flächenbelastung:	6/1,00 kg/m²
Rüstmasse:	46.960 kg
max. Startmasse:	82.200 kg
max. Landemasse:	73.000 kg
max. Nutzmasse:	23.300 kg
Standard-Nutzmasse:	19.800 kg
Tankkapazität:	3.950 l
max. Reisegeschwindigkeit:	903 km/h
Startgeschwindigkeit:	278 km/h
Landegeschwindigkeit:	250 km/h
Dienstgipfelhöhe:	11.900 m
Steigleistung:	725 m/min
Reichweite mit voller Nutzmasse:	4.260 km
Treibstoffverbrauch im Reiseflug:	2.400 l/h
Erstflug:	11. März 1993

Im Einsatz bei:
Air Canada, Air France, Air Inter Europe, Alitalia, All Nippon Airways, Asiana Airlines, Austrian Airlines, bmi British Midland, Lufthansa, SAS, Swiss International, US Airways

Emirates setzt seine A330 auf Langstreckenflügen ein

Die A330 ist als Mittel- und Langstreckenjet konzipiert. Bis auf die Anzahl der Triebwerke ist sie fast baugleich mit der A340. Ihren Erstflug absolvierte sie am 2. November 1992. Bis heute wurden 408 Flugzeuge bestellt.

Die Programme für das zweistrahlige Mittel- und Langstreckenflugzeug A330 und die für extreme Langstrecken ausgelegte vierstrahlige A340 wurden im Juni 1987 offiziell gestartet. Cockpit, Rumpf, Tragflügel und Leitwerk der beiden Versionen sind praktisch identisch. Die Unterschiede liegen hauptsächlich in der Anzahl der Triebwerke und den dazugehörigen Systemen. A330 und A340 verfügen über alle bereits bei der A320 erprobten modernen Technologien wie Fly-by-wire-Steuerung (FBW), Sidesticks, integrierte Bildschirmanzeigen im Cockpit und das zentrale Wartungssystem. Durch den Einsatz neuer Werkstoffe und Kunststoffe konnten erhebliche Gewichtseinsparungen erzielt werden. Als Triebwerke stehen bei der A330 General Electric CF6-80E1, Pratt & Whitney PW4000 und Rolls-Royce Trent 700 zur Auswahl. A330 und A340 werden auf der selben Montagestraße gefertigt.

Zwei Versionen werden gebaut

Gebaut werden zwei Versionen. Die A330-200 hat ein erhöhtes Startgewicht von 230.000 kg. Der Programmstart für diese Version war im November 1995. Die zweite in der Produktion befindliche Version ist die Basisvariante A330-300, deren Entwicklung 1987 begann. Ihr Startgewicht liegt bei 212.000 kg. Der Rumpfquerschnitt der A330/340 entspricht mit 5,64 m dem der A300/310. Gegenüber der A300 ist der Rumpf jedoch wesentlich länger. Vollständig neu konstruiert wurden die Tragflächen, das Seitenleitwerk und das Cockpit sowie die restlichen Systeme.

Wie auch bei den anderen Airbus Modellen wurde der Tragflügel bei BAE Systems entwickeltet und besitzt ein Laminarprofil, das in Verbindung mit der hohen Flügelstreckung, den großen Winglets und den schmalen, über die gesamte Spannweite reichenden Flügelklappen eine hohe Wirkung aufweist. Der Tragflügel ist mit computergesteuerten Auftriebsklappen ausgerüstet. Dadurch wird gewährleistet, daß die Wölbung der Trag-

fläche immer die optimale Form hat und somit bei jeder Geschwindigkeit die größte Wirtschaftlichkeit erreicht wird. Auf dem Tragflügel wurde eine Kunststoffolie aufgebracht, in die feine Vertiefungen eingeprägt sind, die den Reibungswiderstand des Flügels herabsetzt.

Das Leitwerk wurde vollständig aus CFK gefertigt und besteht nur noch aus 100 Bauteilen. Es ist rund 140 kg leichter im Vergleich zu einem aus Metall gefertigten Leitwerk, das aus ungefähr 2000 Einzelteilen besteht. Der bewährte Trimmtank in der Höhenflosse ist ebenfalls vorhanden.

Das Cockpit ist so standardisiert, daß Piloten mit einer Typenberechtigung alle vier Typen, die A340, A330, A321 und A320 fliegen können.

Airbus A330 in der neuen Swiss-Bemalung

Der Frachtraum der A330-300 entspricht dem der A340-300. Das Tanksystem der A330 hat eine reduzierte Kapazität von 97.530 Liter.

Flugerprobung im Ausland

Der Roll-out der A330-300 fand am 14. Oktober 1992 statt. Rund ein Jahr nach dem Erstflug der A340 startete der Prototyp der A330 (F-WWKA) am 2. November 1992 mit General Electric-Triebwerken in Toulouse zum Erstflug, der vier Stunden und 55 Minuten dauerte. Von 29. März bis 8. April 1993 wurden in Khartoum und Sana Flugversuche von hochgelegenen Flugplätzen aus durchgeführt. Die Flugversuche umfaßten 50 Flugstunden einschließlich des Flugs von Sana nach Toulouse und dienten der Ermittlung der Start- und Landeeigenschaften sowie Messungen des Trieb-

werks- und Systemverhaltens. Bis Ende April 1993 hatten die beiden Prototypen in 173 Flügen über 516 Flugstunden absolviert. Der dritte Prototyp in den Farben der Air Inter, der am 28. Juni 1993 die Flugerprobung aufnahm war die erste A330 mit einer kompletten Kabinenausstattung.

Erste ETOPS-Flüge über den Nordatlantik

Im August absolvierte die A330 erfolgreich ihren ersten ETOPS-Nachweis über dem Nordatlantik, wobei die Maschine sechs Stunden mit einem Triebwerk flog. Vom 25. August bis 6. September 1993 führte Airbus die Streckenerprobung zusammen mit Malaysia Airlines durch, dabei wurden 74.120 km zurückgelegt. Am 14. Oktober 1993 stieß der mit Pratt & Whitney PW4168 Triebwerken ausgerüstete Prototyp in den Farben von Thai Airways International

Gulf Air war einer der ersten Besteller des Airbus A330-200

Air Canada setzte acht A330-343(X) ein

zur Erprobungsflotte. Der zweite von PW4168 angetriebene Prototyp flog erstmals am 28. März 1994. Die gesamte Flugerprobung dauerte rund 500 Stunden. Am 31. Januar 1994 nahm der mit Rolls-Royce Trent 700 Triebwerken ausgerüstete Prototyp die Flugerprobung auf. Geflogen wurde die Maschine von Nick Warner und Pierre Baud. In über 200 Flügen absolvierten die beiden Erprobungsflugzeuge über 500 Flugstunden.

Während eines Testflugs stürzte im Juni 1994 eine A330-300 ab, als ein Triebwerksausfall simuliert wurde. Drei Besatzungsmitglieder und vier an Bord befindliche Beobachter kamen dabei ums Leben. Die JAA erteilte für die A330-300 am 22. Dezember 1994 die Zulassung. Diese umfaßte gleichzeitig die Zulassung für automatische Landungen bei schlechter Sicht unter Cat.III-Bedingungen. Durch die geringen Unterschiede zur A340 mußte nur ein reduziertes Flugerprobungsprogramm absolviert werden. Die europäische JAA-Zulassung wurde am 21. Oktober 1993 zusammen mit der der FAA nach 1.100 Flugstunden erteilt. Im November wurde die A330 mit PW4164 und PW4168 Triebwerken für 90-Minuten ETOPS-Flüge zugelassen. Bis zum Dezember 1994 wurden in der Flugerprobung mit acht Flugzeugen 1.800 Flugstunden absolviert.

Die erste Bestellung kam von Air Inter, die ihre A330 mit General Electric CF6-80E1 Triebwerken am 30. Dezember 1993 erhielt und im Januar 1994 den Liniendienst aufnahm. Thai Airways bestellte das Flugzeug mit Pratt & Whitney PW4000, die Auslieferung erfolgte im August 1994. Cathay Pacific bestellte Rolls-Royce Trent 700 Triebwerke und erhielt das erste Flugzeug am 24. Februar 1995.

Airbus A330-200

Die Entscheidung zum Bau der A330-200 fiel am 24. November 1995. Am 13. August 1997 erhob sich die A330-200 mit der Werknummer 181 in Toulouse zum erstenmal in die Luft. Der Erstflug dauerte vier Stunden und zehn Minuten. An Bord war eine fünfköpfige Besatzung. Die Testpiloten waren William Wainwright und Bernd Schäfer. Die Maschine war mit zwei General-Electric-CF6-80E1-Triebwerken ausgerüstet. Der zweite Prototyp mit Pratt & Whitney PW4000 absolvierte seinen Erstflug am 4. Dezember 1997. Die A330-200 ist als Langstreckenflugzeug ausgelegt und verfügt mit 253 Fluggästen über eine Reichweite von 12.000 km. Gegenüber der A330-300 fassen die modifizierten Flügeltanks rund 41.500 Liter mehr Treibstoff. Der

Zu den asiatischen Kunden zählt Eva Air aus Taiwan

Rumpf wurde um 5,3 m verkürzt. Das Seiten- und Höhenleitwerk mußte vergrößert werden, so daß die A330-200 einen Meter höher ist als das Basismuster. Die Flugerprobung umfaßte 630 Stunden. Die A330-200 stellte am 21. März 1998 auf dem Flug von Toulouse nach Santiago einen Weltgeschwindigkeitsrekord mit einer Durchschnittsgeschwindigkeit von 890 km/h auf. Am 31. März 1998 wurde die Musterzulassung von der europäischen JAA, der amerikanischen FAA und der Transport Canada gleichzeitig erteilt. Zu diesem Zeitpunkt hatte die A330-200 in 169 Flügen 380 Stunden absolviert. Die erste Maschine ging am 29. April 1998 an Canada 3000. Die Maschine ist mit General Electric CF6-80E1A4 ausgerüstet. Vor ihrer Auslieferung erhielt die A330-200 mit CF6-80E1A4 die 180-Minuten ETOPS Zulassung durch die JAA und der Transport Canada. Die A330-200 ist das erste Flugzeug in der Luftfahrtgeschichte, das gleichzeitig die Typenzulassung von der Gemeinsamen Europäischen Zulassungsbehörde (JAA), der Federal Aviation Administration (FAA) und von Transport Canada erhielt.

Die mit Pratt & Whitney PW4000 ausgerüstete A330-200 erhielt nach insgesamt 129 Testflügen die JAA-Zulassung am 3. Juli 1998.

Der Erstflug der mit Rolls-Royce Trent 700 Triebwerken ausgerüsteten A330-200 erfolgte am 24. Juni 1998. Nach 100 Flugstunden konnte die Zulassung Ende 1998 erteilt werden.

Die Auftragsbücher von Airbus S.A.S. verzeichneten am 31. Oktober 2003 insgesamt 464 Bestellungen für die A330, von denen 277 ausgeliefert sind.

AIRBUS A330-300

Hersteller:	Airbus S.A.S., Frankreich
Verwendung:	Mittel- und Langstrecken-Verkehrsflugzeug für 335 bis 440 Passagiere
Besatzung:	Zwei Piloten und acht bis zwölf Flugbegleiter
Triebwerke:	Zwei Mantelstromtriebwerke General Electric CF6-80E1, Pratt & Whitney PW4164/PW4168 oder Rolls Royce Trent 700 mit 285 bis 316 kN (29.400 bis 32.500 kp) Standschub

Abmessungen und Leistungen:

Spannweite:	60,30 m
Länge:	63,70 m
Höhe:	16,80 m
Rumpfdurchmesser:	5,64 m
Flügelfläche:	362,00 m²
Pfeilung:	30 Grad
Flächenbelastung:	585,60 kg/m²
Rüstmasse:	124.100 kg
max. Startmasse:	230.000 kg
max. Landemasse:	185.000 kg
max. Nutzmasse:	43.500 kg
max. Tankkapazität:	97.530 Liter
max. Reisegeschwindigkeit:	945 km/h
Landegeschwindigkeit:	260 km/h
Dienstgipfelhöhe:	12.500 m
Steigleistung:	750 m/min
Reichweite mit voller Nutzmasse:	7.500 km
Treibstoffverbrauch im Reiseflug:	6.500 l/h
Erstflug:	2. November 1992

Im Einsatz bei:
Aer Lingus, Cathay Pacific Airways, Emirates, Intern. Lease Finance Corp., Korean Air, LTU, Malaysia Airlines, Northwest Airlines, Philippine Airlines, Swiss International, Thai Airways International, US Airways

Airbus A340 von Air Tahiti Nui in farbenfroher Bemalung

Die vierstrahlige A340 ist in vielen Teilen baugleich mit der A330. Sie ist für extreme Langstrecken ausgelegt. Ihren Jungfernflug absolvierte sie am 25. Oktober 1991. Letzte Version ist die auf der A340-200 basierende A340-8000.

Das Programm für die A340 wurde am 5. Juni 1987 offiziell gestartet. Dabei liefert Airbus France die Bugsektion mit dem Cockpit, die Aufhängungen für die Triebwerksgondeln und einen Teil der Rumpfmittelsektion. Außerdem ist Airbus France für die Endmontage zuständig. Airbus Deutschland fertigt den größten Teil des Rumpfes, das Seitenleitwerk und die Kabineneinrichtung, BAE Systems die Tragflügel und Airbus España das Höhenleitwerk. Der Tragflügel der A340 wurde im Bereich der beiden äußeren Triebwerke mit örtlichen Verstärkungen versehen.

Ruheraum für Besatzung

Da die A340 auf extremen Langstrecken mit einer Flugzeit von mehr als 16 Stunden eingesetzt wird, sind verstärkte Besatzungen an Bord. Für Piloten, die keinen Dienst haben, gibt es hinter dem Cockpit einen Ruheraum. Ein Ruhebereich mit sechs Plätzen für die Flugbegleiter, der über eine Wendeltreppe erreichbar ist, befindet sich im hinteren Laderaum.

Die A340 ist mit einem zentralen Betriebsüberwachungssystem ausgerüstet. Der zentrale Wartungscomputer erhält die Daten aller Bordsysteme und überwacht den Zustand der verschiedenen Bordsysteme. Er ist in der Lage verschiedene Störungen zu identifizieren und den Fehler zu lokalisieren. Außerdem erstellt er nach der Landung automatisch einen Zustandsbericht des Flugzeugs, der die Wartung erheblich beschleunigt und vereinfacht.

Montagebeginn

Im August 1990 lieferte die Deutsche Airbus aus Bremen den ersten vollständig ausgerüsteten Tragflügel nach Toulouse. Im Dezember 1990 trafen die ersten Hauptbaugruppen der A340, eine Bugsektion und eine Rumpfmittelsektion zur Endmontage ein. Die vier CFM56-5C2 Triebwerke wurden im April 1991 an die A340-Zelle angebaut.

Die A340-300 hatte am 4. Oktober 1991 ihren Roll-out. Der Erstflug erfolgte am 25. Oktober 1991 und dauerte 5 Stunden.

Geflogen wurde sie von Pierre Baud. Die A340-200 startete am 3. Februar 1992 zu ihrem Jungfernflug.

Bei der Flugerprobung mit sechs Flugzeugen wurden in 750 Flügen mehr als 2.400 Flugstunden absolviert. In der ersten Phase der Erprobung wurde das Verhalten des Flugzeuges bei allen Geschwindigkeiten und in allen Höhen getestet. Der Abschluß der Flugerprobung diente der Ermittlung der genauen Flugdaten, dem Flugverhalten des Flugzeugs bei Vereisung und der Überprüfung der Navigationsanlage.

Vor und während der Flugerprobung wurden statische Tests vorgenommen, wobei eine Flugzeugzelle bis zum Bruch belastet wurde. An einer zweiten Bruchzelle erfolgten Ermüdungstests. Hierbei wurde das Flugzeug der zweieinhalbfachen Belastung unterworfen. Bauteile, die be-

Die Flotte von Air Portugal besteht heute nur noch aus Flugzeugen von Airbus S.A.S. Hier eine Airbus A340-300

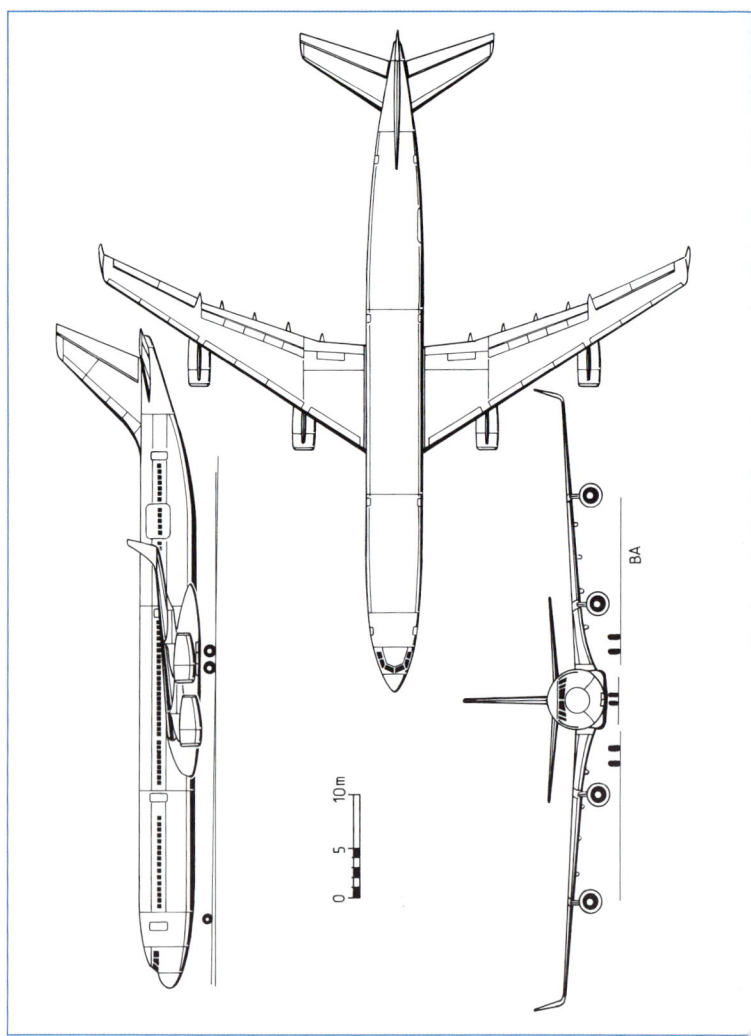

10m

5

0

BA

Lan Chile stellte zwischen September 2000 und November 2002 sieben Airbus A-340-313(X) in Dienst

sonders sicherheitsrelevant sind, müssen die fünffache Lebensdauer aufweisen.

Abschluß der Flugerprobung

Die Flugerprobung konnte am 22. Dezember 1992 mit der Zulassung durch die JAA abgeschlossen werden. Das erste Serienflugzeug – eine A340-200 der Lufthansa – hatte am 7. Dezember 1992 seinen Erstflug. Die Übergabe erfolgte am 29. Januar 1993, die Aufnahme des Liniendienstes am 15. März auf der Strecke Frankfurt–Newark. Die erste Maschine der Serie A340-300 startete am 15. Januar 1993 und wurde am 26. Februar an Air France übergeben. Es war das 1000. Flugzeug, das Airbus bis dato ausgeliefert hatte.

Die FAA erteilte ihre Musterzulassung am 27. Mai 1993. Die Airbus A340-200 „World Ranger" startete am 18. Juni 1993 in Paris zu einer Weltumrundung. Sie war das erste Verkehrsflugzeug, das mit nur einer Zwischenlandung um die Welt flog. Gleichzeitig wurde der längste Flug eines Verkehrsflugzeugs absolviert. Für die gesamte Strecke benötigte die Maschine 48 Stunden und 22 Minuten.

Die 100. gebaute A340 erhielt am 1. März 1997 Singapore Airlines.

Bis zum 31. Oktober 2002 gingen für alle A340-Versionen zusammen 346 Bestellungen ein, 246 Flugzeuge davon sind ausgeliefert.

Als erste Fluggesellschaft stellte Virgin Atlantic im Juni 2002 die Airbus A340-600 in Dienst

Die A340-600 ist mit 74,8 m das längste Verkehrsflugzeug der Welt. Mit einer Länge von 67,80 m ist die A340-500 dagegen für extreme Langstrecken bis 15.750 m ausgelegt.

Am 8. Dezember 1997 gab Airbus S.A.S. grünes Licht für die neue A340-500/600. Zu diesem Zeitpunkt lagen bereits Vorverträge und Absichtserklärungen für rund 100 Flugzeuge von sieben Fluggesellschaften vor.

An der Entwicklung des neuen Airbus A340-600 war die Lufthansa als Erstkunde aktiv beteiligt. Die Entwicklung der neuen Variante hat zu einer Vielzahl technischer Veränderungen im Vergleich zur Standardausführung der A340 geführt. Trotz aller Neuerungen und Verbesserungen bei der

A340-600 war es eine wichtige Forderung, daß sowohl die A340-300 wie auch die A340-600 mit derselben Fluglizenz geflogen werden können. Bis auf die Komponenten, die aufgrund der Größe der A340-600 notwendig waren blieb das Cockpit unverändert. Dadurch sind zeit aufwendige und teure Umschulungen kaum erforderlich. Für den Umstieg von der A340-300 auf die A340-500 bzw. -600 sind maximal nur sechs Stunden theoretische Schulung vorgesehen.

Die in der Länge gegenüber der A340-300 um sechs Spanten verlängerte A340-500 hat eine Reichweite von 15.750 km und bietet 313 Passagieren Platz. Sie verfügt über zusätzliche Treibstofftanks für insgesamt 214.810 Liter. Die Frachträume nehmen bis zu 31 LD-3 Container auf.

Das längste Verkehrsflugzeug der Welt

Der Rumpf der A340-600 wurde bei gleichem Querschnitt gegenüber der A340-300 um 20 Spanten, elf im vorderen Teil, drei in der Mitte und sechs im hinteren Teil der Maschine um 11,10 m auf 74,80 m gestreckt. Damit ist die A340-600 das längste Verkehrsflugzeug der Welt. Das hohe Gewicht erforderte die Änderungen an der Rumpfstatik. In den Unterflur-frachträumen finden 43 LD-3 Container Platz. Die Maschine ist für 380 Passagiere ausgelegt und hat eine Reichweite von 13.900 km. Die Spannweite wurde um 3,50 m auf 63,50 m erhöht. Auch die Tiefe der Tragflächen wurde vergrößert, so daß sich die Flügelfläche um 20 Pro-zent auf 437,30 m² vergrößerte. Durch eine über die ganze Spannweite verlaufende neue Flügelbox erhöht sich die Treibstoff-kapazität auf 195.620 Liter. Das ein Meter höhere Seitenleitwerk wurde von der A330-200 übernommen.

Die Höhenflosse hat eine Spannweite von 23 m und eine Fläche von fast 100 m². In ihr sind 8.000 Liter Treibstoff unterge-bracht.

Fahrwerke und Bremsen wurden we-sentlich größer gestaltet. Das unter dem Rumpf angeordnete ungebremste Zwei-radfahrwerk mußte zur Aufnahme des größeren Startgewichtes durch eine Vier-radeinheit ersetzt werden, die jetzt mit Bremsen ausgerüstet ist. Alle 14 Räder

Ein weiterer Kunde für die A340-500 ist Emirates aus Dubai

des Bug- und Hauptfahrwerks nehmen zusammen rund 100 Tonnen mehr als bisher auf, wovon das neue, sogenannte Center-Fahrwerk einen erheblichen Anteil trägt.

Bewährtes Triebwerk von Rolls-Royce

Als Antrieb wurde das Rolls-Royce Trent 500 mit einem Standschub von 249 kN (25.400 kp) ausgewählt. Dieses Triebwerk wurde aus dem Trent 700/800 entwickelt, das bereits im A330 und der Boeing 777 zum Einsatz kommt.

Der Abstand zwischen Bug- und Hauptfahrwerk vergrößerte sich auf 33 Meter. Das sind acht Meter mehr als bei der A340-300. Die Piloten sitzen rund sieben Meter vor dem Bugfahrwerk, mit dem das Flugzeug am Boden gesteuert wird. Dadurch sind sie auf eine zusätzliche Unterstützung angewiesen.

Diese kommt vom Taxi Aid Camera System, das aus zwei Videokameras besteht, von denen eine auf dem Seitenleitwerk und eine unter einem der hinteren Rumpfsegmente installiert ist. Die Kamera auf dem Seitenleitwerk ist schräg nach unten gerichtet und zeigt den gesamten Rumpf. Außerdem gibt sie einen Blick auf die Rollbahn und auf die beiden äußeren Elemente des Hauptfahrwerks frei. Die unter dem Rumpf eingebaute Kamera zeigt die Position des Bugfahrwerks. Die Bilder der beiden Kameras werden auf einen Bildschirm im Cockpit

Der Prototyp der A340-600 während eines Erprobungsfluges

Virgin Atlantic beteiligte sich an der Streckenerprobung der A340-600

übertragen. Dazu werden zusätzlich Markierungen eingeblendet, die als Peilhilfe für den notwendigen Einschlag des Bugfahrwerks dienen.

Start zum Jungfernflug

Am 23. April 2001 hob die A340-600 (c/n 360) in Toulouse zu ihrem Testflug ab, der 5 Stunden und 22 Minuten dauerte. Die zweite Maschine (c/n 371) flog am 8. Juni 2001 und wurde für System- und Autopilotenprüfungen sowie zur Ermittlung der Triebwerksdaten eingesetzt, während die dritte A340-600 (c/n 376) mit voll ausgestatteter Passagierkabine im September 2001 in das Flugerprobungsprogramm integriert wurde.

Der Erstflug der A340-500 erfolgte am 11. Februar 2002. Er dauerte 5 Stunden und 52 Minuten. Kapitän beim Jungfernflug war Airbus-Cheftestpilot Jacque Rosay, Copilot war Richard Monnoyer. Als Flugingenieure fungierten Didier Ronoeray, Bruno Bigand und Sylvie Loisel-Lebate. Sie war das erste weibliche Crewmitglied während eines Airbus-Jungfernflugs.

Die Maschine hatte ein Startgewicht von 280.000 kg, wobei allein 30.500 kg auf die Testinstrumente entfielen. Für das Flugversuchsprogramm der A340-500

Der Prototyp der A340-500 in Werksbemalung

wurden 340 Flugstunden mit zwei Flugzeugen angesetzt. Sie erhielt am 3. Dezember 2002 die Zulassung der europäischen JAA.

Kurz darauf konnte die erste Maschine an Air Canada ausgeliefert werden.

Am 8. April 2002 startete in London-Heathrow eine A340-600 im Rahmen des Zulassungsprogramms zu einer zweiwöchigen Streckenerprobung unter dem Kommando von Besatzungen der Lufthansa und Virgin Atlantic. Dabei wurden 17 Flughäfen angeflogen.

Die JAA erteilte die Verkehrszulassung am 29. Mai 2002. Insgesamt beteiligten sich drei A340-600 am gesamten Zulassungsprogramm, bei dem in mehr als

500 Flügen 1600 Flugstunden absolvier wurden.

Virgin Atlantic übernahm die erste Ma schine im Juli 2002 und setzt ihre Flotte i den USA und nach Asien ein.

Im Juli 2003 konnte Airbus S.A.S. da 500. Flugzeug aus der A330/A340-Famili ausliefern. Es handelte sich dabei ur eine A340-600, die bei Cathay Pacific zur Einsatz kommt.

Im Einsatz bei der Lufthansa

Da bei der Lufthansa der durch die Ve längerung zusätzliche gewonnene Frach raum nicht benötigt wird, wurden in de Unterdecks eine große Küche, von der au 160 Passagiere verköstigt werden könne untergebracht, so daß auf dem neugestalteten Hauptdeck im oberen Teil des Flugzeugs zusätzlich 25 weitere Sitzplätze geschaffen wurden. Damit finden gegenüber der A340-300 fast 100 Passagiere mehr Platz. Die beiden Decks sind durch eine 0,80 m breite Treppe miteinander verbunden. Die Kopffreiheit auf dem unteren Deck beträgt 1,95 m. Die zweite Bordküche befindet sich im Heck der Maschine auf dem Hauptdeck. Auf extremen Langstreckenflügen gibt es ein mobiles Ruheabteil für die Besatzungsmitglieder. Dies ist unmittelbar hinter der Underfloor-Galley installiert. Es verfügt über vier Etagenbetten. Die Lufthansa erteilte im Dezember 1997 einen Auftrag über zehn Airbus A340-600. Die Flugzeuge wurden zwischen Juli 2003 und Mai 2004 ausgeliefert.

Anfang 2003 begann Airbus S.A.S. mit der Entwicklung der verbesserten A300-300E. Bei ihr fließen viele technische Neuerungen der A340-500 und -600 ein. Unter anderem entfallen die mechanischen Steuerelemente, die Maschine wird nur noch elektronisch gesteuert. In dem durch den Wegfall der mechanischen Steuermechanik gewonnen Platz besteht jetzt die Möglichkeit im Rumpfheck einen Ruheraum mit acht Liegen für die dienstfreien Besatzungsmitgliedern unterzubringen. Als Antrieb sind vier CFM56-5C4/P mit einer Leistung von je 151 kN vorgesehen. Diese Triebwerke zeichnen sich durch einen geringen Treibstoffverbrauch, niedrigere Wartungskosten und eine höhere Lebensdauer aus. Der

Roll-out erfolgte im Oktober 2003. South African Airlines übernahm die erste Maschine im Februar 2004.

Auf der Endmontageline in Toulouse werden parallel die A340-300, -500 und -600 montiert. Sie hat eine Kapazität von sechs bis acht Flugzeugen pro Monat.

AIRBUS A340-600

Hersteller:	Airbus S.A.S., Frankreich
Verwendung:	Langstrecken-Verkehrsflugzeug für 380 Passagiere in typischer 3-Klassen-Auslegung
Besatzung:	Zwei Piloten
Triebwerke:	Vier Mantelstromtriebwerke Rolls-Royce Trent 556 mit je 249 kN (25.380 kp) Standschub

Abmessungen und Leistungen:

Spannweite mit Winglets:	63,50 m
Länge:	74,80 m
Höhe:	17,29 m
Flügelfläche:	437,30 m²
Pfeilung:	31,1 Grad
Rumpfdurchmesser:	5,64 m
Kabinenlänge:	60,95 m
Rüstmasse:	177.000 kg
max. Startmasse:	365.000 kg
max. Landemasse:	254.000 kg
max. Nutzmasse:	62.300 kg
Tankkapazität:	195.620 Liter
max. Reisegeschwindigkeit:	930 km/h
Dienstgipfelhöhe:	12.500 m
Startstrecke:	3.185 m
Steigzeit auf 31.000 Fuß:	21 min
Reichweite:	13.875 km
Erstflug:	23. April 2001

Im Einsatz bei:

Air Canada, Cathay Pacific Airways, China Eastern, Egyptair, Emirates, Iberia, ILFC, Lufthansa, Singapore Airlines, South African Airways, Virgin Atlantic

Im Regionalluftverkehr setzt Air Littoral die ATR 42 ein

Die ATR 42 ist ein Regionalverkehrs-flugzeug für 42 Passagiere. Die längere ATR 72 (Erstflug 27. Oktober 1988) ist für 72 Passagiere ausgelegt. Neueste Variante für beide Ausführungen ist die -500, die seit 1994 fliegt. Zur Lärmredu-zierung in der Passagierkabine wurden die Flugzeuge mit einem Active-Noise-Control-System ausgerüstet.

Airbus France stellte 1979 in Le Bourget ein neues 35 sitziges Regionalver-kehrsflugzeug mit einer maximalen Start-masse von 15 Tonnen vor. Der Entwurf hatte die Typenbezeichnung AS 35. Zur gleichen Zeit arbeitete Aeritalia ebenfalls an einem Regionalverkehrsflugzeug für 35 Passagiere mit der Projektbezeichnung AIT 230. Im Juli 1980 kamen beide Fir-men überein, die Entwicklung gemeinsam durchzuführen.

ATR 42

Im gleichen Monat gründeten Airbus France und Aeritalia das Unternehmen Avions de Transport Regional (ATR) mit Sitz in Toulouse. Die Bezeichnung ATR 42 weißt auf auf die Kapazität von 42 Passa-gieren hin. Die Bauentscheidung fiel am 20. Oktober 1981.

Bei Aeritalia wird der Rumpf mit der kompletten Inneneinrichtung und das Leit-werk gefertigt. Airbus France ist für die Fer-tigung des Tragflügels, die Endmontage und das Einfliegen verantwortlich. Die Triebwerkswahl fiel auf das Pratt & Whit-ney Canada PW120 mit einer Leistung mit 1700 kW (2300 WPS). Der Prototyp de

10 m

5

0

BA

ATR 42 hatte am 23. Mai 1984 seinen Roll-out. Seinen Erstflug absolvierte er am 16. August 1984 mit der Kennung F-WEGA und Cheftestpilot Gilbert Defer am Steuer. Für die Flugerprobung, die einen Umfang von 1.235 Stunden hatte, wurden drei Flugzeuge eingesetzt. Die Musterzulassung wurde am 24. September 1985 erteilt. Bereits im Dezember 1985 konnte Air Littoral die erste ATR 42 in den Liniendienst stellen. Zunächst wurde die ATR 42 in den Versionen ATR 42-200 mit einer Abflugmasse von 15.750 kg und ATR 42-300 mit einer Abflugmasse von 16.700 kg gebaut. Die ATR 42-300 flog zum ersten Mal am 16. August 1984. Im Herbst 1990 konnte bereits die 200. ATR 42 an Thai Airways ausgeliefert werden.

Weiterentwicklung zur ATR 72

Noch vor dem Serienstart der ATR 42 wurde 1981 eine gestreckte Ausführung der ATR 42 für 64-72 Passagiere untersucht, wobei das Cockpit und die Kabinenauslegung nicht verändert werden sollte. Es dauerte allerdings noch bis Januar 1986, bis die Entscheidung zum Bau der mit ATR 72 bezeichneten Ausführung fiel. Erstbesteller für die ATR 72 war Finnair mit fünf Maschinen. Gegenüber der ATR 42 wurde der Rumpf um 4,5 m verlängert und die Spannweite um 2,48 m vergrößert. Die Startmasse beträgt 21.500 kg. Auf Grund der höheren Flugmasse mußte die Struktur der Zelle verstärkt werden. Logischerweise wurde wieder das Triebwerk Pratt & Whitney Canada gewählt, diesmal in der Ausführung PW124 mit je 2065 kW (2810 WPS) Der Erstflug konnte am 27. Oktober 1988 durchgeführt werden und Karair erhielt die erste ATR 72 im Januar 1990.

Leistungsstärkere Versionen

Am 14. Juni 1993 kündigte ATR die Weiterentwicklung ATR 42-500 an. Diese ist schneller und schwerer als das Vorgängermuster. Die Startmasse wurde auf 18.500 kg angehoben und mit den neuen Pratt & Whitney PW127 mit einer Startleistung von je 1.790 kW (2.400 WPS) wird eine Reisegeschwindigkeit von 564 km/h erreicht. Die Passagierkabine wurde überarbeitet

Eine ATR 42 der französischen Inlandsfluggesellschaft Brit Air in Air France Farben

Größter Betreiber der ATR 42 und ATR 72 ist American Eagle. Im Bild eine ATR-72

und das sogenannte Active-Noise-Control-System eingebaut. Dieses Verfahren dient zur Verringerung des Propellerlärms in der Kabine. Active Noise Control basiert auf der physikalischen Tatsache, daß bestimmte Schallfrequenzen einander neutralisieren. So wird in der Kabine ein künstlicher Lärm erzeugt, der die Propellervibrationen kompensiert und den Schallpegel in der Kabine senkt. Zur Lärmsenkung trägt auch der neue Sechsblatt-Propeller bei.

Als Zwischengröße wird noch die ATR 42-400 angeboten. Ihr Erstflug erfolgte am 12. Juli 1995 und die Ablieferungen begannen Ende 1995. Die ATR 42-400 weist die gleichen Abmessungen wie die früheren ATR 42-Versionen auf, wird aber von zwei PW121A-Triebwerken angetrieben.

Wie die ATR 42, wurde auch die ATR 72 überarbeitet. Die neue Bezeichnung lautet ATR 72-210 und ist für Einsätze von hochgelegenen und heißen Flugplätzen vorgesehen.

Die baugleichen Muster ATR 42 und ATR 72 können nach einer kurzen Einweisung abwechselnd von denselben Besatzungen geflogen werden.

ATR-42-500

Hersteller:	Avions de Transport Regional Frankreich/Italien
Verwendung:	Regional-Verkehrsflugzeug für 44 bis 50 Passagiere
Besatzung:	Zwei Piloten und ein bis zwei Flugbegleiter
Triebwerke:	Zwei Propellerturbinen Pratt & Whitney Canada PW127E mit je 1790 kW (2400 WPS) Leistung, 6-Blatt-Hamilton Standard 568F-Propeller mit einem Durchmesser von 3,93 m

Abmessungen und Leistungen:

Spannweite:	24,57 m
Länge:	22,67 m
Höhe:	7,59 m
Flügelfläche:	54,50 m^2
Spurweite:	4,10 m
Radstand:	8,78 m
Rüstmasse:	11.350 kg
max. Startmasse:	18.600 kg
max. Landemasse:	18.300 kg
Tankkapazität:	4500 kg
max. Reisegeschwindigkeit:	496 km/h
max. Reichweite:	1.850 km
Erstflug:	16. September 1994

Im Einsatz bei:
Air Dolomiti, Air Liberte, Air Littoral, Air Thaiti, Alitalia Express, American Eagle, Cimber Air, Cityflyer Express, Continental Express, CSA, Eurowings, Tarom

Air Tran ist der größte Betreiber der Boeing 717

Die Boeing 717 ist das kleinste Flugzeug in der Produktpalette von Boeing. Sie wurde bei McDonnell Douglas unter der Bezeichnung MD-95 entwickelt. Angetrieben wird sie von zwei BMW Rolls-Royce BR715 Triebwerken. Der große Verkaufserfolg ist bis jetzt aber ausgeblieben.

Das im Oktober 1995 von McDonnell Douglas als MD-95-30 vorgestellte Flugzeug wurde nach der Fusion von McDonnell Douglas mit Boeing als Boeing 717 in die Produktpalette von Boeing aufgenommen. Die Modellnummer 717 wurde bei Boeing jetzt zum zweitenmal vergeben. Bei der ersten 717 handelt es sich um den militärischen Transporter C-135. Die Boeing 717 wurde für kürzere bis mittleren Strecken im Regionalverkehrsmarkt mit hohen Bedienfrequenzen entwickelt. So soll die durchschnittliche Einsatzzeit einer Boeing 717 täglich acht bis zwölf Stunden betragen.

In den Abmessungen und in der Auslegung entspricht die Boeing 717-200 der McDonnell Douglas MD-9-30. Gegenüber der MD-9-30 wurde die Startmasse bei der Boeing 717 von 48.988 kg auf 51.710 kg angehoben.

Bei der Reichweite von 2.905 km kommt die Boeing 717 nicht an die Reichweite der MDD MD-9-30 von 3.100 km, befördert aber auf dieser Strecke 26 Fluggäste mehr. Die Passagierkabine wurde vollkommen neu gestaltet. Pro Sitzreihe werden fünf Fluggastsessel eingebaut und die Gepäckfächer sind deutlich vergrößert.

Mit neuster Avionik ausgerüstetes Cockpit

Das Cockpit ist für den Zweimann-Einsatz ausgelegt und mit der aktuellsten Avionik ausgerüstet. Das Kernstück bilden sechs austauschbare Flüssigkristall-Anzeigeeinheiten und modernste Honeywell VIA (Versatile Integrated Avionics) 2000 Computersyteme, ähnlich wie sie auch in den neuen Versionen der Boeing 737 und der Boeing 777 zu finden sind. Desweiteren ist ein elektronisches Instrumentensystem, ein duales Flugmanagementsystem (FMS) und ein Central-Fault-Anzeigesystem eingebaut. Auf Wunsch ist ein GPS (Global Positioning System, eine automatische Landeeinrichtung für Schlechtwetterlandungen nach Kategorie IIIb und ein Future Air Navigation System erhältlich.

Als Antrieb wurden die neuen BMW Rolls-Royce BR175 ausgewählt. Die Schubleistung der Triebwerke liegt bei 82,3 kN (8451 kp). Sie zeichnen sich im Vergleich zu den Triebwerken ähnlicher Flugzeugtypen durch einen geringen Verbrauch, niedrige Emissionswerte und deutlich reduzierte Geräuschentwicklung aus.

Europäische Firmen stark an der Fertigung beteiligt

An der Fertigung der Boeing 717 sind mehrere europäische Firmen beteiligt. So fertigt Alenia in Italien den Rumpf, die elektrische Ausrüstung kommt von Labinal in Frankreich, Andalucia Aerospacial aus Spanien stellt Teile der Tragflächen her, die Triebwerke kommen von BMW Rolls-Royce in Deutschland und die Aus-

Olympic Aviation setzt die Boeing 717-200 auf ihrem europäischen Flugnetz ein

Boeing 717-200 in den Farben von Hawaiian Airlines

rüstung des Cockpits von Smiths Industries aus Großbritannien.

Als Erstkunde bestellte Air Tran Airlines 50 Flugzeuge und erteilte weitere 50 Optionen. Die Auslieferung der ersten Maschine an Air Tran Airlines wurde für Sommer 1999 geplant. Als zweiter Kunde bestellte Bavaria International Aircraft Leasing Company fünf Boeing 717. Bavaria wurde damit zum ersten Abnehmer in Europa.

Die Montage der beiden BR715 Triebwerke konnte am 16. März 1998 abgeschlossen werden. Die Ground-Vibration-Tests des ersten Prototyps T-1 wurden am 14. Mai 1998 erfolgreich beendet. Seinen Roll-out absolvierte der Prototyp mit der Zulassung N717XA am 10. Juni 1998 in Long Beach.

In der Flugerprobung

Zu ihrem Erstflug starte die N717XA dann am 2. September 1998. Der Flug dauerte 4 Stunden und 7 Minuten und führte zum Boeing-Flugtestzentrum in Yuma, Arizona. Geflogen wurde die Maschine von Ralph Luczak. Copilot war Tom Melody und Testingenieur Will Gibbons. Während des Jungfernflugs wurde eine Höhe von 3.510 m und eine Geschwindigkeit von 453 km/h erreicht.

Der zweite Prototyp hob am 26. Oktober 1998 zum ersten Mal von der Startbahn ab und die dritte Maschine nahm die Flugerprobung am 16. Dezember auf. Die erste für Air Tran vorgesehene Maschine mit voller Kabinenausrüstung startete am 24. Februar 1999 in Long Beach.

Bis zum April 1999 konnte mit den vier Erprobungsflugzeugen über 1.000 Flugstunden absolviert werden. Die Flugerprobung konnte bis Ende August 1999 abgeschlossen werden. In der Zwischenzeit stieß noch eine fünfte Maschine zur Testflotte. Insgesamt wurden in über 1.900 Testflügen mehr als 2.000 Stunden in der Luft verbracht. Die Zulassung durch die amerikanische FAA und die europäische JAA konnte am 1. September 1999 erteilt werden. Air Tran konnte die erste Maschine am 23. September 1999 übernehmen.

Es wird noch eine zweite Version, die Boeing 717HGW mit einer Rüstmasse von 32.110 kg und einer maximalen Abflugmasse von 54.884 kg angeboten, deren Reichweite 3.100 km beträgt.

Seit dem Erstflug der Boeing 717 konnten nur 155 Flugzeuge verkauft werden. Größter Kunde mit 73 Flugzeugen ist Air Tran. Zur Zeit sind zwei weitere Versionen geplant, die Boeing 717-300X mit einem um 4,54 m längeren Rumpf, in dem weitere 22 Passagiere Platz finden und die Boeing 717-200Light mit einem auf 46,7 to verringerten Abfluggewicht. Sollte die Boeing 717-300X gebaut werden, könnte die erste Maschine im Sommer 2006 die Fertigungshalle verlassen. Große Hoffnung wird zur Zeit auf die Entscheidung der Star Alliance gesetzt, wo die Einführung eines neuen Flugzeugmusters in der Größenordnung der Boeing 717-300 bevorsteht. Die Entscheidung über die Beschaffung steht aber noch aus.

BOEING 717-200

Hersteller:	The Boeing Company Douglas Products Division, USA
Verwendung:	Kurz- und Mittelstrecken-Verkehrsflugzeug für 106 bis 129 Passagiere
Besatzung:	Zwei Piloten und zwei bis drei Flugbegleiter
Triebwerke:	Zwei Mantelstromtriebwerke BMW Rolls-Royce BR715 mit 82,3 kN (8.451kp) Standschub

Abmessungen und Leistungen:

Spannweite:	28,45 m
Länge:	37,81 m
Höhe:	8,92 m
Rumpfdurchmesser:	4,88 m
Kabinenbreite:	3,35 m
Flügelfläche:	92,97 m²
Pfeilung:	24,5 Grad
max. Rüstmasse:	30.970 kg
max. Startmasse:	51.710 kg
max. Landemasse:	46.266 kg
max. Nutzmasse:	12.220 kg
Unterflurladeraum:	26,5 m³
Tankkapazität:	13.892 Liter
max. Reisegeschwindigkeit:	811 km/h
Dienstgipfelhöhe:	10.668 m
Reichweite mit voller Nutzmasse:	2.545 km
Erstflug:	2. September 1998

Im Einsatz bei:
Airtran Airways, Bankok Air, Hawaiian Air, Impulse Airlines, Olympic Aviation, Turkmenistan Airlines

Prototyp der Boeing 717-200 nach dem Roll-out

Boeing 737-500 (OK-XGA) im Einsatz bei der tschechischen Fluggesellschaft CSA

Bei den Serien -300, -400 und -500 handelt es sich um die zweite Generation des Kurz- und Mittelstreckenflugzeugs Boeing 737. Sie gehören zur sogenannten Classic-Familie, deren Produktion Ende 1999 eingestellt wurde.

Um den Anforderungen des Marktes zu genügen und den neuen Lärmvorschriften gerecht zu werden, begann Boeing Anfang 1980 mit der Entwicklung eines neuen Flugzeugs. Das Ergebnis war die Boeing 737-300. Diese Variante bekam einen um 2,64 m gestreckten Rumpf und neue Triebwerke. Die Streckung verteilte sich auf eine 1,12 m lange Sektion vor dem Tragflügel und einen 1,52 m langen Rumpfabschnitt dahinter. Da die vorgesehenen Triebwerke zu groß waren und unter den Tragflügeln nicht genügend Platz vorhanden war, mußte CFM eine Version des CFM56 mit einem kleineren Fan entwickeln und sämtliche Aggregate seitlich anbauen. Der Anbau des Triebwerks am Tragflügel wurde weiter nach vorne verlegt und der hintere Rumpf mehr verlängert als der Bug, um einen Gewichtsausgleich zu den Triebwerken zu schaffen. Durch den Einsatz neuer Materialien und Verbundwerkstoffe konnte die Leermasse um rund 700 kg gesenkt werden.

Das Cockpit ist mit konventionellen Instrumenten ausgerüstet. Auf Wunsch ist aber auch eine Ausrüstung mit Bildschirmen erhältlich. Zur serienmäßigen Ausrüstung gehören eine neue Avionik, ein Trägheitsnavigationssystem und ein neuer Autopilot. Die 21 Triebwerksinstrumente wurden durch zwei Leuchtdiodenanzeigen ersetzt.

Nach einer Bestellung über 60 Flugzeuge von US Air am 3. Mai 1981 wurde die Produktion aufgenommen. Am 17. Januar 1984 hatte das Flugzeug seinen Roll-out und am 24. Februar seinen Erstflug. Drei Flugzeuge beteiligten sich an der Flugerprobung. Die Musterzulassung durch die FAA erfolgte am 14. November 1984. US Air stellte dann auch als erste Gesellschaft die Boeing 737-300 am 28. November 1984 in Dienst. Eine Boeing 737-300, die KLM am 17. August 1986 übernahm, war das 5.000. Strahlverkehrsflugzeug, das Boeing auslieferte.

Bis zur Produktionseinstellung 1999 wurden 1.122 Boeing 737-300 gebaut.

Boeing 737-400

Mit dem Bau der 737-400 begann Boeing im Juni 1986. Ihr Rumpf wurde gegenüber der Serie 300 um weitere 2,9 Meter gestreckt und bietet 168 Passagieren Platz. Im tragenden Bereich mußte die Zelle verstärkt werden. Die meisten Flugzeuge sind mit dem CFM56-3C-1 ausgerüstet. Auf jeder Rumpfseite kam ein zusätzlicher Notausstieg über den Tragflächen zum Einbau.

Die Flugerprobung des ersten Prototyps wurde am 19. Februar 1988 aufgenommen. Der zweite startete am 25. März

Boeing 737-300 in den neuen JAT-Farben

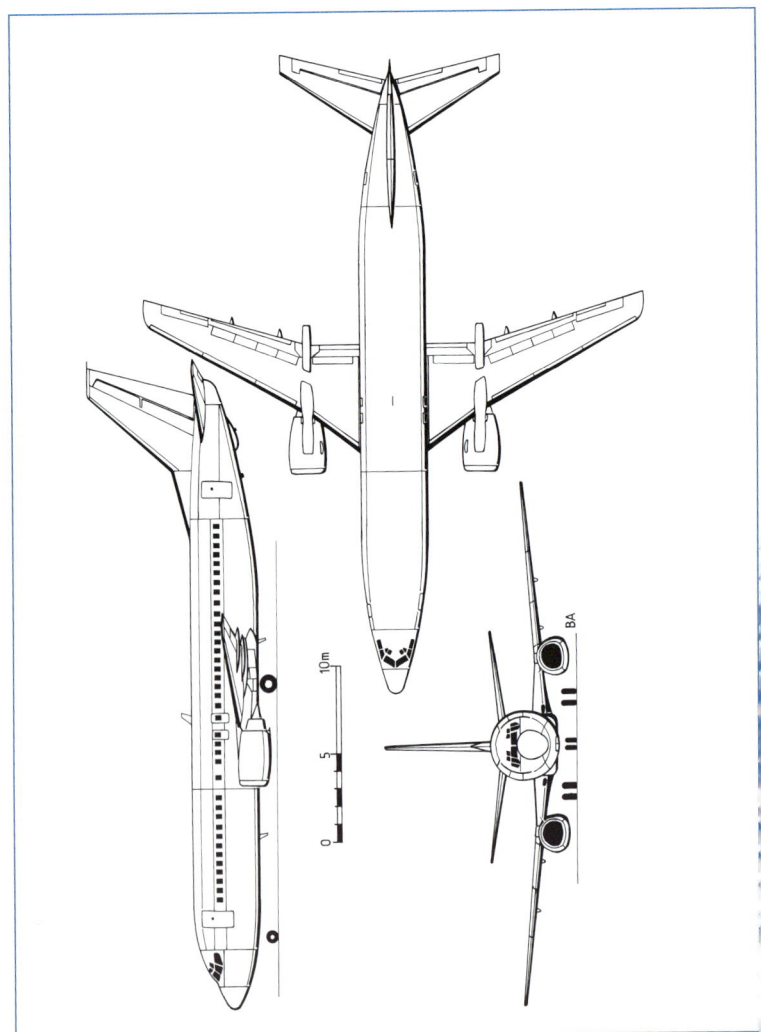

10m

5

0

BA

1988 zu seinem Erstflug. Die FAA erteilte die Musterzulassung am 2. September 1988. Die Boeing 737-400 kam zuerst bei Piedmont Airlines ab dem 15. September 1988 zum Einsatz. Als British Airways im Oktober 1991 ihre erste Boeing 737-400 erhielt, war dies die 1.000. Maschine der zweiten 737-Generation.

Die Anzahl der gebauten Flugzeuge belief sich auf 483 Stück.

Boeing 737-500

Die Boeing 737-500 ist die kleinste Variante bei der 737-Serie der zweiten Generation. Der Baubeginn war im Mai 1987. Erstkunden waren Braathens S.A.F.E. und Southwest Airlines. Sie flog erstmals am 30. Juni 1989. Die Erprobung wurde nach neun Monaten, am 12. Februar 1990, mit der Zulassung abgeschlossen.

Wie bei der Serie 300 und 400 kommen auch hier CFM56-3-Triebwerke jedoch mit einem auf 8.392 kp reduzierten Schub zum Einbau. Die Rumpflänge beträgt 31,01 m. Sie kann zwischen 108 und 132 Passagiere befördern. Alle technischen Verbesserungen der Boeing 737-300 und 400 kamen zur Ausführung. Die Serie 500 ist mit einem Windshear-Warngerät ausgerüstet.

Die Auslieferung begann am 28. Februar 1990 an Southwest Airlines. Am 24. Februar 1991 verließ die 2.000. Boeing 737, eine Boeing 737-500 (D-ABIK) für die Lufthansa, die Fertigungsstraße. Dieses Flugzeug war gleichzeitig die 100. Boeing 737 der Lufthansa. 383 Boeing 737-500 verließen die Produktionshallen.

Die Produktion der sogenannten Classic-Familie, zu der die Boeing 737-300, -400 und -500 gehören wurde Ende 1999 eingestellt. Abgelöst wurden sie durch die Boeing 737 NG.

BOEING 737-300

Hersteller:	The Boeing Company USA
Verwendung:	Kurz- und Mittelstrecken-Verkehrsflugzeug für 128 bis 149 Passagiere
Besatzung:	Zwei Piloten und drei bis vier Flugbegleiter
Triebwerke:	Zwei Mantelstromtriebwerke CFM International CFM56-3B2 mit je 97,8 kN (9970 kp) oder CFM56-3C mit 104,5 kN (10.660 kp) Standschub

Abmessungen und Leistungen:

Spannweite:	28,88 m
Länge:	33,40 m
Höhe:	11,13 m
Rumpfdurchmesser:	3,53 m
Flügelfläche:	91,04 m²
Pfeilung:	25 Grad
Flächenbelastung:	679,1 kg/m²
Rüstmasse:	33.260 kg
max. Startmasse:	62.820 kg
max. Landemasse:	52.890 kg
max. Nutzmasse:	15.750 kg
Tankkapazität max.:	23.380 Liter
Max. Reisegeschwindigkeit:	908 km/h
Landegeschwindigkeit:	250 km/h
Dienstgipfelhöhe:	12.000 m
Steigleistung:	850 m/min.
Reichweite mit 126 Passagieren:	4.180 km
Treibstoffverbrauch im Reiseflug:	2.850 l/h
Erstflug:	24. Februar 1984

Im Einsatz bei:

Air France, Alaska Airlines, America West Airlines, British Airways, Continental Airlines, dba, KLM, Lufthansa, Qantas, United Airlines, US Airways, Varig

Germania betreibt für TUI Deutschland drei Boeing 737-700. Die N3502P erhielt nach der Übernahme die deutsche Zulassung D-AGEM

Die Serien -600, -700, -800 und -900 gehören zur Boeing 737NG, die bis jetzt den Abschluss der Entwicklung dieser Flugzeugfamilie bilden. Sie stehen in direkter Konkurrenz zum Airbus A319, A320 und A321.

Unter der Bezeichnung 737X liefen ab 1991 die Projektstudien für das Nachfolgemodell der Boeing 737, deren Grundkonzept bereits vor rund 35 Jahre entwickelt wurde. Die Boeing 737 ist mit beinahe 5.000 Einheiten das meistverkaufte Strahlverkehrsflugzeug der Welt. Mit den neuen Modellen ging die Boeing 737 in die dritte Generation.

Den größten Anteil an den Modifizierungen hatte der Tragflügel, dessen Spann-weite um mehr als fünf Meter gestreckt wurde. Bei gleichzeitiger Vergrößerung der Flügeltiefe um rund 50 cm ergab sich eine Steigerung der Flügelfläche um rund 25 Prozent. Durch die Verkleinerung der relative Dicke des superkritischen Profils konnte die wirtschaftliche Reisegeschwindigkeit zusätzlich auf bis zu Mach 0,79 gesteigert werden. Da sich die Tanks in den Tragflächen befinden, konnte auch die Treibstoffkapazität um 30 Prozent auf 26.136 Liter und dadurch auch die Reichweite um bis zu 1.667 km gesteigert werden. Auch das Seitenleitwerk erfuhr eine Vergrößerung um 1,24 m. Bei dieser Gelegenheit wurde bei Boeing auch der Steuermechanismus des Seitenleitwerkes überarbeitet bei dem in der Vergangen heit häufig Unregelmäßigkeiten aufgetreten sind.

Als Antrieb wurde das CFM56-7B von CFM-International ausgewählt. Das Triebwerk ist für alle vier Ausführungen gleich. Durch eine entsprechende Software des digitalen Steuersystems wird die Schubkraft den unterschiedlichen Startmassen angepaßt. Gegenüber den früheren Triebwerken verursachen die neuen Triebwerke erheblich weniger Lärm und der Schadstoffausstoß wurde erheblich reduziert. Außerdem erhielten die Flugzeuge ein neues Fahrwerk mit neuen Rädern und Bremsen.

Im Gegensatz zu den älteren Boeing 737-Familien, gibt es bei der Boeing 737NG (New Generation) vier unterschiedliche Varianten, die sich in erster Linie durch die Rumpflänge unterscheiden.

Die Boeing 737-600 ist mit einer Rumpflänge von 31,24 m das kürzestes Modell und ersetzt die Boeing 737-500. Die 33,63 m lange Boeing 737-700 ersetzt die Boeing 737-300, die bei der alten 737-Familie den größten Verkaufsanteil aufweisen konnte. Als Ersatz für die Boeing 737-400 wird die Boeing 737-800 angeboten. Sie hat eine Rumpflänge von 39,47 m. Längste Variante ist mit 41,11 m die Boeing 737-900. Die neuen Boeing 737 können ihre Passagiere deutlich weiter als die zweite Generation der Boeing 737-300 befördern.

Insgesamt waren zwölf Flugzeuge an der Flugerprobung beteiligt, vier Boeing

Eine Boeing 737-600 der SAS rollt zu ihrem Abstellplatz

KLM setzt die Boeing 737-900 auf ihren europäischen Strecken ein

737-700, drei Boeing 737-800, drei Boeing 737-600 und zwei Boeing 737-900. Während des Testprogramms wurden über 4100 Flugstunden absolviert.

Bis Ende 2002 lagen für die neue Generation der Boeing 737 mehr als 2.040 Bestellungen vor, wovon über 1000 ausgeliefert waren.

Boeing 737-600

Die Boeing 737-600 ist das kleinste Modell der neuen Familie und bietet 108 bis 132 Passagieren Platz. Die Reichweite beträgt mit 108 Passagieren 5.982 km.

Der Roll-out des Prototyps in Renton erfolgte im Dezember 1997. Er absolvierte am 23. Januar 1998 mit der Zulassung

N7376 seinen Erstflug. Dieser dauerte zwei Stunden und 28 Minuten und führte zum Boeing Field in Seattle. Als Testpiloten saßen Mike Carriker und Ray Craig im Cockpit. Die Musterzulassung erfolgte am 22. Juli 1998. Die Flugerprobung zog sich über 6,5 Monate hin und beinhaltete 800 Flugstunden bei 635 Flügen und 459 Stunden bei der Bodenerprobung Die FAA-Zulassung wurde am 18. Augus 1998 erteilt.

Als erste Fluggesellschaft bestellte SAS 39 Flugzeuge am 14. März 1995 SAS übernahm ab dem 18. Septembe 1998 ihre Flugzeuge. Bis Ende 1997 lage 122 Bestellungen von fünf Fluggesell schaften vor.

Boeing 737-700

Der Roll-out der neuen Boeing 737-700 fand am 8. Dezember 1996 in Seattle statt. Der Erstflug erfolgte am 9. Februar 1997. Im Verlauf der Flugerprobung zeigte es sich, daß am Höhenleitwerk strukturelle Änderungen durchgeführt werden mussten. Dadurch verzögerte sich die Zulassung der Maschine durch die FAA um zwei Monate. Auf Grund einer Forderung der europäischen JAA mußte der Notausstieg modifiziert werden. Aber auch die JAA erteilte dann im Februar 1998 die Zulassung.

Die Passagierkapazität liegt bei 128 bis 149 Sitzplätze. Mit 128 Fluggästen an Bord kann eine Strecke von 6.010 km beflogen werden.

Im November 1993 bestellte Southwest Airlines als Erstkunde 63 Boeing 737-700, wovon die erste am 19. Dezember 1997 ausgeliefert wurde. In der Zwischenzeit wurde die Bestellung auf 129 Flugzeuge plus 42 Optionen erhöht. Germania übernahm am 10. März 1998 ihre erste Boeing 737-700. Sie ging am 14. März 1998 in den Linienbetrieb.

Auf der Basis der Boeing 737-700 wurde die Boeing 737BBJ als Geschäftsreiseflugzeug entwickelt. Sie hat den Rumpf der -700 und die Tragflächen und das Fahrwerk der -800. Zusatztanks zur Reichweitervergrößerung wurden in den Unterflurfrachträumen installiert. Der Prototyp flog erstmals am 4. September 1998. Die

Boeing 737-800 auf der Startbahn-West in Frankfurt

Auslieferungen begannen am 23. November 1998.

Boeing 737-800

Der Rumpf der Boeing 737-800 wurde gegenüber der Boeing 737-400 um 2,78 m gestreckt und ist für 160 bis 189 Passagiere ausgelegt. Die Reichweite mit 162 Reisenden liegt bei 5.417 km. Am 31. Juli 1997 absolvierte die Boeing 737-800 ihren Jungfernflug. Am 16. März 1998 erteilte die FAA die Verkehrszulassung. Die Zulassung durch die JAA erfolgte Ende März 1998. Es wurden über 760 Testflüge mit 740 Flugstunden absolviert. Die Bodenerprobung umfaßte 550 Stunden. Für die Erprobung kamen drei Maschinen zum Einsatz. Hapag-Lloyd hat 16 Flugzeuge bestellt und erhielt als Erstkunde eine Maschine (D-AHFC) am 23. April 1988. Ausgerüstet sind die Flugzeuge der Hapag-Lloyd mit einem Anti-Kollisionsradar, das Flugzeuge in einem Umkreis von 60 km ortet. Am 20. Mai 1998 bestellt Delta Air Lines eine weitere Boeing 737-800. Dies war die 4000. Boeing 737, die ausgelieferte wurde. Insgesamt hat Delta Air Lines 71 Boeing 737-800 bestellt.

Seit 2001 wird die Boeing 737BBJ2 angeboten, die den Rumpf der -800 hat. Sie wird mit Winglets an den Tragflächenenden ausgeliefert, wodurch sich die Reichweite um sieben Prozent erhöhte. Die Winglets, die auch bei den Passagierflugzeugen zum Einbau kommen, haben eine Höhe von 2,5 m.

Boeing 737-800 der Hapag-Lloyd mit Winglets

Boeing 737-900

Das längste Modell der Boeing 737NG-Familie ist die Boeing 737-900 mit einer Länge von 42,11 Meter. Gegenüber der -800 wurde der Rumpf um 1,57 m vor der Tragfläche und um 1,07 m dahinter verlängert. Der Frachtraum vergrößerte sich um 18 Prozent. Sie ist für 177 bis 189 Passagiere ausgelegt. Bei einer vollen Auslastung mit 189 Passagieren hat sie eine Reichweite von 5.050 km. Die Rüstmasse beträgt 78.204 kg.

Der Roll-out erfolgte am 23. Juli 2000 in Renton und der Erstflug konnte daraufhin am 3. August 2000 durchgeführt werden. Nach zwei Stunden und 58 Minuten landete die Maschine auf Boeing Field in Seattle. Die Piloten waren Mike Carriker und Mark Feuerstein.

Für die Erprobung waren 380 Flugstunden und 120 Stunden am Boden angesetzt. Technische Probleme und ein Erdbeben verzögerten diese aber bis zum 17. April 2001. An diesem Tag erteilte die FAA die Typenzulassung, gefolgt von der JAA am 19. April. Die zwei Testflugzeuge absolvierten insgesamt 296 Flüge mit 649 Stunden. Die Bodenerprobung konnte nach 156 Stunden abgeschlossen werden.

Erstkunde war Alaska Airlines am 10. November 1997 mit zehn Exemplaren plus zehn Optionen. Die Fluggesellschaft konnte ihr erste -900 am 16. Mai 2001 übernehmen. Als zweiter Kunde entschied sich Continental Airlines für die Boeing 737-900 und bestellt 15 Flugzeuge fest und

erteilte weitere 25 Optionen. Korean Airlines bestellte elf Flugzeuge. Bis Mitte Juni 2003 hat die Flotte der weltweit eingesetzten Boeing 737NG (-600/-700/-800/-900) über zehn Millionen Flugstunden absolviert. Ende Mai 2003 lagen 76 Bestellungen für die -600 vor, 812 für die -700, 1060 für die -800 und 21 für die –900.

BOEING 737-700

Hersteller:	The Boeing Company USA
Verwendung:	Kurz-und Mittelstrecken-Verkehrsflugzeug für 128 bis 149 Passagiere
Besatzung:	Zwei Piloten und fünf Flugbegleiter
Triebwerke:	Zwei Mantelstromtriebwerke CFM International CFM56-7B20 mit je 88,96 kN (9.071 kp), CFM56-7B22 mit je 97,86 kN (9.978 kp), CFM56-7B24 mit je 106,75 kN (10.886 kp) Standschub

Abmessungen und Leistungen:

Spannweite:	34,31 m
Länge:	33,63 m
Höhe:	12,55 m
Rumpfdurchmesser:	3,53 m
Kabinenbreite:	3,48 m
Kabinenhöhe:	2,13 m
Flügelfläche:	124,6 m²
Rüstmasse:	37.585 kg
max. Startmasse:	69.400 kg
max Landemasse:	58.060 kg
Tankkapazität:	26.035 Liter
Reisegeschwindigkeit:	850 km/h
Dienstgipfelhöhe:	12.500 m
max. Reichweite mit 126 Passagieren:	6.110 km
Erstflug:	9. Februar 1997

Im Einsatz bei:
Air Berlin, Alaska Airlines, American Airlines, American Trans Air, Continental Airlines, Delta Airlines, Easyjet Airline, Hapag Lloyd, Korean Air, Ryanair, Southwest Airlines, West Jet Airlines

Boeing 747-200 von NCA aus Japan beim Start in Frankfurt

Die Boeing 747 war das erste Großraum-Verkehrsflugzeug der Welt. Mit wenigen Ausnahmen wird dieser Typ hauptsächlich auf Langstrecken eingesetzt. Zu ihrem Jungfernflug startete die Boeing 747 am 9. Februar 1969. In der Produktion wurden die ersten Modelle von der Boeing 747-300 bzw. -400 abgelöst.

Boeing begann mit der Entwicklung des Modells 747 im Sommer 1965 unter Leitung von Joseph F. Sutter. Basis dafür waren die Erfahrungen die Boeing bei der Planung des Transportflugzeuges C-5 für die USAF machte. Boeing ging bei diesem Projekt leer aus, den Zuschlag erhielt Lockheed mit der C-5A Galaxy.

Nach Rücksprache mit Pan American und weiteren Kunden wurde die Kabinenauslegung der Boeing 747 festgelegt. Die geplante Passagierzahl lag bei maximal 418 Fluggäste. Diese sollten in Sitzreihen mit je zehn Sitzen untergebracht werden. Die Sitzreihen wurden durch zwei Mittelgänge getrennt. Die Reichweite lag bei 6.500 km. Ganz neu war die Position des Cockpits. Dieses wurde über dem Hauptdeck angeordnet.

PAN AM bestellt Jumbo-Jet

Im Februar 1966 hatte Boeing die Vorentwicklung abgeschlossen. Bereits am 13. April 1966 bestellte Pan American 25 Flugzeuge in einem Gesamtwert von 525 Millionen US-Dollar.

Die Entwicklung der Boeing 747 brachte viele Probleme mit sich. Zum ersten Mal galt es die Druckbelüftung einer Passagierkabine mit diesen Ausmaßen zu gewährleisten.

Das Hauptfahrgestell besteht aus insgesamt vier Fahrwerken mit je vier Rädern. Das Bugfahrwerk besteht aus einer doppelt bereiften Fahrwerkseinheit.

Das Tanksystem umfaßt sechs Integraltanks in den Tragflügeln und einem Rumpftank für insgesamt 170.000 Liter.

Als Antrieb kamen vier von Pratt & Whitney neu entwickelte Turbofan-Triebwerke der Baureihe JT9D-3 mit je 193,5 kN (19.732 kp) Standschub zum Einbau.

Größere Probleme gab es über längere Zeit bei den Triebwerken. Sie ließen sich bei Seitenwind schlecht starten, liefen nicht gleichmäßig und die Triebwerkgehäuse verformten sich stark.

Für die Montage der Boeing 747 wurde das bis heute noch größte Gebäude der Welt erstellt. Der Bau des Prototyps, der aus rund 4,5 Millionen Einzelteilen bestand, dauerte 15 Monate. Noch vor dem Roll-out des Prototyps am 30. September 1968 lagen bereits 158 Festbestellungen von 26 Fluggesellschaften vor.

Jack Wadell startete am 9. Februar 1969 mit der RA001 zum Jungfernflug. Um 11.34 Uhr hob die Boeing 747 von der Startbahn in Everett ab. Nach einer Flugzeit von 76 Minuten setzte er vorzeitig zur Landung an, da Probleme mit der Landeklappen-Verstellung auftraten.

Die Flugerprobung wurde mit fünf Maschinen durchgeführt und umfaßte 1.400 Flugstunden. In elf Monaten wurde das bis dahin umfangreichste Erprobungsprogramm der Luftfahrtgeschichte durchgeführt. Die Musterzulassung durch die FAA wurde am 30. Dezember 1969 erteilt.

Eine Boeing 747SP-J6 der Air China im Landeanflug auf Zürich

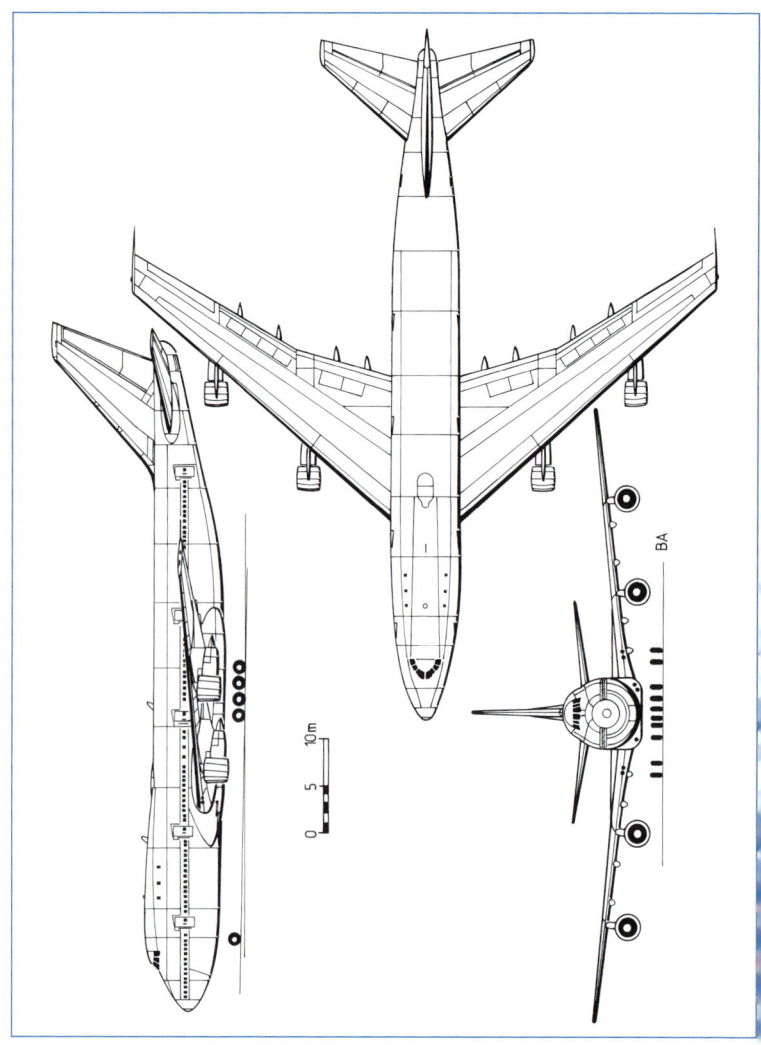

10 m

5

0

BA

Boeing 747-200 der Cathay Pacific mit einer Sonderbemalung zur Rückgabe Hongkongs an China

Der Prototyp der Boeing 747 wurde am 29. März 1990 dem Museum of Flight übergeben.

Den ersten Linienflug mit einer Boeing 747-100 führte Pan American mit der N733PA „Clipper Young America" am 21. Januar 1970 auf der Route New York–London durch.

Als Weiterentwicklung stellte Boeing 1978 die 747-100B vor, die ab September 1980 zur Auslieferung kam. Sie hatte eine maximale Abflugmasse von 341.555 kg und eine Reichweite von 10.193 km. Von dieser Version wurden nur neun Flugzeuge gebaut.

Speziell für den Einsatz auf Kurzstrecken entwickelte Boeing die 747-100SR (Short Range). Sie ist eine Variante mit nochmals verstärkter Zelle und einer auf 273.516 kg reduzierten Startmasse, damit die Zelle und das Fahrwerk bei den häufigen Starts und Landungen nicht zu stark belastet wird.

Die Passagierkabine wurde für bis zu 550 Fluggäste ausgelegt. Japan Air Lines setzte diese Ausführung erstmals am 7. Oktober 1973 ein.

Von der Boeing 747-100/100B wurden 205 Exemplare gebaut, einschließlich der 29 Boeing 747-100SR.

Boeing 747-200

Abgelöst wurde die Boeing 747-100 von der Boeing 747-200, die eine Startmasse von 351.530 kg aufweist. Sie erhielt leistungsstärkere Triebwerke und verfügt über eine verstärkte Zelle. Die Treibstoffkapazität beträgt 194.680 Liter. Mit 366 Passagieren an Bord hatte sie eine Reichweite von bis zu 12.138 km. Mit 452 Passagieren reduzierte sich diese auf 8.800 km. Ihren Erstflug absolvierte sie am 9. Februar 1969.

Am 11. Oktober 1970 startete die 747-200B zu ihren Jungfernflug. Dabei handelt es sich um eine Langstreckenversion mit höherer Treibstoffkapazität. Die Startmasse wurde auf 377.840 kg gesteigert. Während der Flugerprobung wurden sogar 385.560 kg erreicht.

Von der 747-200C (Convertible) wurden 13 Flugzeuge gebaut. Es handelte sich hier um die Version für den gemischten Passagier-/Frachteinsatz. Das Flugzeug verfügte über eine aufklappbare Nase und ein zusätzliches Palettenladetor. Die maximale Startmasse betrug 377.840 kg. Am 27. April 1973 wurde die erste 747-200C an World Airways ausgeliefert.

Die Produktion wurde am 19. November 1991 nach dem Bau von 393 Boeing 747-200 eingestellt.

Boeing 747SP

Am 1. Mai 1973 gab Boeing die Entwicklung der 747SP (Special Performance) bekannt, die aus der Boeing 747-100 abgeleitet und für den Einsatz auf extrem langen Strecken ausgelegt wurde. Gegenüber der Standardversion hat die Boeing 747SP einen auf 56,31 m verkürzten Rumpf mit einer verstärkten Struktur und einer Druckkabine für Flüge in 13.700 m Höhe sowie ein geändertes Heck. Das Seitenleitwerk wurde um 1,52 m erhöht und die Spannweite des Höhenleitwerk um 3,05 m vergrößert.

Die Treibstoffkapazität beträgt 190.625 Liter. Die Kabine faßt 361 Passagiere

Häufiger Besucher auf dem Rhein-Main Flughafen von Frankfurt war Northwest mit dieser Boeing 747-200

Einer der Prototypen, die Boeing 747-100 N747PA „Clipper America" in den Farben von Pan American

die sich auf das Hauptdeck mit 229 und auf das Oberdeck mit 32 Passagiere verteilen. Für den Antrieb der 747SP stehen die gleichen Triebwerke wie bei der 747-100 zur Verfügung. Die Reichweite mit 276 Passagieren an Bord beträgt 12.324 km. Obwohl 90 Prozent der Einzelteile unverändert blieben, veränderte sich das Äußere des Flugzeugs stark. Die 747SP war als Gegenstück zur Mc Donnell Douglas DC-10 und der Lockheed TriStar gedacht.

Die erste Boeing 747SP verließ am 19. Mai 1975 die Montagehalle. Der Erstflug erfolgte am 4. Juli 1975. Die Typenzulassung erteilte die FAA am 4. Februar 1976.

Pan American bestellte zehn 747SP und war damit der größte Abnehmer dieser Version. Sie erhielt die erste Boeing 747SP, die N532PA „Clipper Constitution", am 5. März 1976. Mit ihr begann am 25. April 1976 der Liniendienst auf der Strecke Los Angeles–Tokio.

Zum 200sten Geburtstag der USA flog im Sommer 1976 eine Boeing 747SP der Pan American von New York in 39 Stunden 25 Minuten mit zwei Zwischenlandungen in Neu Delhi und Tokio rund um die Welt. Die gesamte Strecke hatte eine Länge von 36.811 km. Die auf den Namen „Clipper 200 Liberty Bell" getaufte Boeing 747SP hatte 130 Ehrengäste an Bord.

Insgesamt wurden bis Juli 1982 nur 45 Boeing 747SP gebaut.

BOEING 747-200

Hersteller:	The Boeing Company USA
Verwendung:	Langstrecken-Verkehrsflugzeug für 350 bis 505 Passagiere
Besatzung:	Zwei Piloten und ein Bordingenieur sowie 15 - 18 Flugbegleiter
Triebwerke:	Vier Mantelstromtriebwerke Pratt & Whitney JT9D-7R4G2 mit je 243,2 kN (24.800 kp) Standschub

Abmessungen und Leistungen:

Spannweite:	59,64 m
Länge:	70,51 m
Höhe:	19,35 m
Rumpfdurchmesser:	6,50 m
Flügelfläche:	511,00 m²
Pfeilung:	37,5 Grad
Flächenbelastung:	687,30 kg/m²
Rüstmasse:	166.500 kg
max. Startmasse:	377.000 kg
max. Landemasse:	265.300 kg
max. Nutzmasse:	69.500 kg
Tankkapazität:	204.300 Liter
max. Reisegeschwindigkeit:	965 km/h
Landegeschwindigkeit:	265 km/h
Dienstgipfelhöhe:	12.400 m
Steigleistung:	700 m/min
Reichweite mit voller Nutzmasse:	8.000 km
Treibstoffverbrauch im Reiseflug:	15.500 l/h
Erstflug:	9. Februar 1969

Im Einsatz bei:

Air Atlanta Iceland, Air France, All Nippon Airways, British Airways, Cathay Pacific, Japan Airlines, KLM, Korean Air, Lufthansa, Northwest Airlines, Pakistan International Airlines, Qantas

Die Boeing 747-400 von Air Canada kommen auf Strecken mit hohem Fluggastaufkommen zum Einsatz

Die Boeing 747-300 war kein Erfolg. Es wurden nur 81 Einheiten gebaut. Nachfolgemodell wurde die -400 Sie absolvierte ihren Erstflug am 29. April 1988. Von ihr konnten bis jetzt über 630 Flugzeuge verkauft werden.

Ende der siebziger Jahre begann Boeing mit der Entwicklung des Modells 747SUD (stretched upper deck). Die Bezeichnung wurde später in Boeing 747-300 geändert. Swissair, die sich an der Entwicklung beteiligte, bestellte am 11. Juni 1980 fünf 747-300, davon drei in der Combi-Version 747-300M.

Hauptmerkmal war das um 7,11 m verlängerte Oberdeck, in dem bis zu 69 zusätzliche Passagiere Platz finden. Auf Strecken mit großem Passagieraufkommen können bei enger Bestuhlung bis zu 630 Passagiere befördert werden. Die Streckung des Oberdecks brachte eine verbesserte Aerodynamik des Rumpfes mit sich, was sich in einer Treibstoffeinsparung von rund fünf Prozent und einer höheren Geschwindigkeit von 996 km/h auswirkte.

Anstelle der Wendeltreppe im vorderen Rumpf kam im Heck des Oberdecks eine neue gerade Treppe zum Einbau. Durch den so gewonnenen Platz konnten auf dem Hauptdeck sieben weitere Passagiersitze eingerichtet werden. Zwei Notausstiege auf dem Hauptdeck wurden durch normale Eingangstüren ersetzt und an einer anderen Stelle zwei neue Notausstiege angebracht. Außerdem wurden zusätzliche Fenster eingebaut. Durch den Einbau wirtschaftlicherer Triebwerke und einer auf 377.840 kg ge steigerten Startmasse konnten Reichweiten von bis zu 12.400 km erreicht werden.

Die Flugerprobung der ersten Boeing 747 SUD begann am 10. Oktober 1982. Die erste Boeing 747-300 wurde am 1. März 1983 an die Swissair ausgeliefert und ging am 28. März 1983 in den Liniendienst. Die Flugzeuge der Swissair waren mit Pratt & Whitney JT9D-7R4G2 ausgerüstet. Die erste 747-300 mit General Electric CF6-50E2 ging am 1. April 1983 an UTA. Die 600. Boeing 747 übernahm Qantas am 13. November 1984, dies war die erste Boeing 747-300 mit Rolls-Royce RB211-524D4.

Nach dem Bau von 81 Maschinen wurde die Serienproduktion auf die Boeing 747-400 umgestellt.

Mit Ausnahme der Boeing 747SP kann das verlängerte Oberdeck bei allen Modellen eingebaut werden. So ließ KLM 1984 zehn Boeing 747-200 auf den Standard der 747-300 umrüsten.

Die Kurzstreckenversion Boeing 747-300SR bietet bis zu 624 Passagieren Platz. Die Abflugmasse liegt bei 272.160 kg. Die Reichweite beträgt 3.800 km.

Boeing 747-400

Die Boeing 747-400 ist die letzte Version des Jumbo Jet, von dem bis heute insgesamt 20 verschiedene Modellversionen entwickelt wurden. In den 34 Jahren, in denen die Boeing 747 jetzt im Liniendienst steht, wurden mehr als 40 Milliar-

Boeing 747-400 in den Farben von Virgin Atlantic. In deren Flotte stehen 13 Boeing 747-400 im Einsatz

den Kilometer zurückgelegt und ungefähr zwei Milliarden Passagiere befördert. Im Vergleich mit der Boeing 747-100 erhöhte sich das Platzangebot beim Modell 400 um bis zu 200 Passagiere und die Startmasse steigerte sich um 75 Tonnen.

Die Entwicklung der Boeing 747-400 begann im Herbst 1985. Erstbesteller war Northwest Airlines mit zehn Flugzeugen.

Der Rumpf hat die gleichen Abmessungen wie die Boeing 747-300, weist jedoch zahlreiche Detailverbesserungen auf. Die Spannweite wurde um 3,66 m auf 64,44 m vergrößert. An den beiden Flügelenden befinden sich 1,83 m hohe Winglets, die die aerodynamische Wirkung einer noch größeren Spannweite bringen, ohne daß diese tatsächlich vorhanden wäre. In den Höhenflossen wurden zusätzliche Tanks integriert, wodurch die Treibstoffkapazität um 12.492 Liter auf 215.800 Liter erhöht werden konnte, was eine zusätzliche Reichweite von 600 km ergibt.

Das Cockpit wurde neu konzipiert und für zwei Piloten ausgelegt. Es kamen fünf digitale Bildschirmanzeigegeräte zum Einbau. Dadurch wurde die Anzahl der Instrumente um 60 Prozent reduziert.

Durch die Verwendung neuer Metall-Legierungen aus Aluminium und Lithium konnte das Gewicht um 2.721 kg reduziert werden. Beim Fahrwerk wurden Karbonbremsen eingebaut und neue Reifen mit einem dünneren Profil verwendet, was zu weitere Einsparungen führte. Insgesamt konnte gegenüber der Boeing 747-300 eine

Zu den positiven Erscheinungen in Bezug auf die Bemalung gehört auch die Boeing 747-400 von Singapore Airlines

Gewichtseinsparung von rund 4.500 kg erzielt werden.

Seit 1984 wird die Combi-Version Boeing 747-400M mit einem Frachttor hinter dem linken Tragflügel angeboten. Die M-Version kann wahlweise 413 Fluggäste oder 266 Passagiere und sieben Cargo-Container auf dem Hauptdeck befördern. Die maximale Abflugmasse der Combi liegt bei 396.900 kg.

Ihren Erstflug absolvierte die Boeing 747-400 am 29. April 1988. Mit einer Startmasse von 404.800 kg stellte sie am 27. Juni 1988 einen Weltrekord für Verkehrsflugzeuge auf.

Die erste Maschine erhielt am 26. Januar 1989 Northwest Airlines. Die Lufthansa eröffnete den Liniendienst mit der Boeing 747-400 am 10. Juni 1989.

Letzte Variante ist die 747-400ER, bei der die Startmasse auf 412.800 kg erhöht wurde. Die -400ER kann eine höhere Nutzmasse über eine größere Entfernung transportieren. Acht Flugzeuge wurden bestellt, zwei von Air France und sechs von Qantas. Am 17. Juni 2002 fand der Roll-out der ersten -400ER statt. Dies war gleichzeitig die 1308. Boeing 747 die gebaut wurde. Der Erstflug erfolgte am 31. Juli 2002.

Für das Flugprogramm, das nach 230 Testflugstunden abgeschlossen wurde, kamen zwei Flugzeuge zum Einsatz.

Seit Mai 1990 wird von der Boeing 747 nur noch das Modell 400 angeboten. Bis Ende 2003 wurden über 540 Boeing 747-400 in der Passagierversion und 105 in der Frachtversion -400F bestellt.

BOEING 747-400

Hersteller:	The Boeing Company USA
Verwendung:	Langstrecken-Verkehrsflugzeug für 416 bis 568 Passagiere
Besatzung:	Zwei Piloten und 12 bis 18 Flugbegleiter
Triebwerke:	Vier Mantelstromtriebwerke Pratt & Whitney PW 4056 mit je 252,5 kN (25.750 kp), General Electric CF6-80C2B4 mit je 26.263 kp (257,5 kN) oder Rolls-Royce RB211-524G mit je 26.309 kp (258 kN) Standschub

Abmessungen und Leistungen:

Spannweite:	64,44 m
Länge:	70,66 m
Höhe:	19,41 m
Kabinenbreite:	6,12 m
Flügelfläche:	524,88 m^2
Pfeilung:	37,5 Grad
Flächenbelastung:	751,80 kg/m^2
max. Rüstmasse:	181.000 kg
max. Startmasse:	396.890 kg
max. Landemasse:	285.765 kg
max. Nutzmasse:	66.500 kg
Frachtvolumen Passagierversion:	170,8 m^3
Treibstoffkapazität:	216.850 Liter
Höchstgeschwindigkeit auf 9150 m Höhe:	976 km/h
max. Reisegeschwindigkeit:	939 km/h
wirtschaftliche Reisegeschwindigkeit:	907 km/h
Landegeschwindigkeit:	270 km/h
Dienstgipfelhöhe:	13.715 m
Steigleistung:	700 m/min
Reichweite mit 416 Passagieren:	13.490 km
Überführungsreichweite:	15.569 km
Treibstoffverbrauch im Reiseflug:	13.500 l/h
Erstflug:	29. April 1988

Im Einsatz bei:

Air France, All Nippon Airways, British Airways, Cathay Pacific, China Airlines, Eva Air, Japan Airlines, KLM, Korean Air, Lufthansa, Qantas, United Airlines

Bei America West tragen alle Flugzeuge einen Anstrich mit einem Bezug zu den einzelnen Bundesstaaten der USA

Als Nachfolgemodell für die erfolgreiche Boeing 727 wurde die Boeing 757 entwickelt. Nach zunächst geringer Nachfrage entwickelte sie sich doch noch zum Verkaufserfolg und ist heute bei vielen Airlines im Einsatz.

Im Sommer 1978 kündigte Boeing das Model 757 als Nachfolgemuster für die erfolgreiche Boeing 727 an. Pratt & Whitney und Rolls-Royce wurden aufgefordert, entsprechend leistungsstarke Triebwerke zu entwickeln. Bei Pratt & Whitney entstand das PW2037 und Rolls-Royce entwickelte das RB.211-535C. Beide Triebwerkstypen entwickeln rund 175 kN Standschub. Der Rumpfquerschnitt der Boeing 727 wurde beibehalten, jedoch um 5,97 m verlängert.

Je nach Bestuhlungsdichte können in der rund 36 m langen Kabine zwischen 186 und 288 Passagiere befördert werden. Erstmals setzte Boeing einen Tragflügel mit einem superkritischen Profil ein. Das vierrädrige Hauptfahrwerk wurde mit nur geringen Änderungen von der Boeing 707 übernommen. Die Cockpits der Boeing 757 und 767 sind weitgehend identisch. Die Piloten benötigen daher nur eine Typenberechtigung um beide Typen fliegen zu können.

Großer Anteil an Verbundwerkstoffen

Sehr groß ist der Anteil an Verbundwerkstoffen, die zum Einbau kommen. So sind die Höhen- und Seitenruder aus Graphit-Verbundmaterial und die Abdeckklappen der Fahrwerksschächte aus Kevlar gefertigt.

Boeing bot die 757 zunächst nur in der Version 757-200 mit einer Rumpflänge von 49,96 m an. Die Bestellungen von Eastern Airlines und British Airways über insgesamt 40 Boeing 757-200 mit Rolls-Royce Triebwerken wurden am 31. August 1978 bekanntgegeben.

Erstflug in Renton

Die Produktion lief am 23. März 1979 an. Der Roll-out des Prototyps fand am 13. Januar 1982 statt. Er startete am 19. Februar 1982 mit der Kennung N757A in Renton zu seinem Erstflug. Angetrieben wurde er von zwei Rolls-Royce RB.211-535C mit je 166,4 kN (16,970 kp) Standschub. Nach insgesamt 1.380 Flugstunden in der Flugerprobung erhielt die Boeing 757 im Dezember 1982 die Musterzulassung.

Die erste Boeing 757 stellte Eastern Airlines am 1. Januar 1983 in den Liniendienst. Delta Airlines übernahm am 28. November 1984 die ersten Boeing 757 mit Pratt & Whitney PW2037-Triebwerken.

Rolls-Royce kündigte im Januar 1981 die Entwicklung des RB.211-535E4 mit einer Leistung von 178,4 kN (18.190 kp) Schub an. Dieses Triebwerk erhielt einen völlig neuen Fan mit sehr breiten, widerstandsarmen Leitschaufeln, die aus einem Wabenkern mit einem dünnen, im Diffusionsverfahren aufgebrachten Titanmantel bestehen. Im Gegenzug brachte Pratt & Whitney am 1. Dezember 1984 das PW2040

Start einer Boeing 757 von Ladeco aus Chile zu einem Erprobungsflug

Zu ihrem Auslieferungsflug startet hier eine Boeing 757 der Turkmenistan Airlines vom Boeing Field in Seattle

mit 185,5 kN (18.915 kp) Standschub auf den Markt. Mit diesen beiden Triebwerken konnte die gesteigerte Abflugmasse ab 1984 ausgeglichen werden. Die mit dem RB.211-535E4 ausgerüstete Variante ist von der FAA für Langstreckenflüge wie z. B. über den Nordatlantik zugelassen.

1992 erhielt Delta Airlines die 500. gebaute Boeing 757.

Als reine Frachtmaschine wird das Flugzeug unter der Bezeichnung Boeing 757-200PF (Package Freighter) gebaut. In dem fensterlosen Rumpf können bis zu 15 Standard-Paletten untergebracht werden. Die Nutzmasse beträgt rund 38.000 kg. United Parcel Service (UPS) hat davon 75 Maschinen bestellt, die mit Pratt & Whitney PW2040 mit einer Leistung von 18.915 kp Schub ausgerüstet sind. Die Ab-

messung der Frachtraumtür beträgt 3,18 x 2,24 m.

Boeing 757-300 für Condor

Für die Boeing 757-300 gab Condor den Ausschlag. Am 2. September 1996 bestellte die Charterfluggesellschaft zwölf Flugzeuge dieses Typs. Weitere zwei Flugzeuge bestellte Icelandair am 16. Juni 1997. Die Passagierkapazität beträgt 225 bis 289 Fluggäste und gegenüber der Boeing 757-200 kann bis zu 48 Prozent mehr Fracht geladen werden. Ermöglicht wurde dies durch eine Verlängerung des Rumpfs um 7,10 m auf 54,43 m. Die Streckung erfolgte durch das Einsetzen eines 4,06 m langen Rumpfsegments vor den Tragflügel und eines 3,04 m langen Segments nach dem Tragflügel. Die Abflugmasse erhöhte sich auf 122.600 kg. Dadurch mußten Teile der Tragflächenstruktur und das Fahrwerk verstärkt werden.

Als Antrieb entschied sich Condor für das Rolls-Royce RB211-535E4B mit 192 kN. Auf Wunsch kann auch das Pratt & Whitney PW2043 mit 195 kN eingebaut werden. Die Reichweite liegt bei 6.482 km. Der Roll-out erfolgte am 31. Mai 1998 in Renton und der Erstflug am 2. August 1998. Er dauerte 2 Stunden 25 Minuten. Geflogen wurde die Maschine von Leon Robert und Jerry Whites. Condor übernahm ab Anfang 1999 die ersten Maschinen.

Als letzte Version bot Boeing die Boeing 757-200ERX an. Hierbei handelte es sich um eine Langstreckenausführung mit dem Rumpf der -200 und den Tragflächen der -300. Durch zwei im Frachtraum eingebaute Zusatztanks konnte die Reichweite auf 9.250 km gesteigert werden. Bestellungen für diese Version gingen nicht ein.

Auf Grund der fehlenden Aufträge wird Boeing die Produktion der Boeing 757 zum Jahresende 2004 auslaufen lassen. Die Boeing 757 hat durch die neuesten Versionen der Boeing 737, insbesondere durch die Versionen -800 und -900 sowie durch die noch zu entwickelnde Boeing 7E7 Konkurrenz im eigenen Lager erhalten. Desweiteren dürfte der Erfolg der A320-Familien, insbesondere der A321, zum Ende der Boeing 757 beigetragen haben.

Bis Ende 2003 wurden von allen Versionen der Boeing 757 von 60 Fluggesellschaften über 1.050 Einheiten bestellt, von denen etwa 1.030 ausgeliefert waren.

BOEING 757-200

Hersteller:	The Boeing Company USA
Verwendung:	Kurz- und Mittelstrecken-Verkehrsflugzeug für 201 bis 231 Passagiere
Besatzung:	Zwei Piloten und fünf bis sieben Flugbegleiter
Triebwerke:	Zwei Mantelstromtriebwerke Rolls-Royce RB.211-535C mit je 166,4 kN (16.965 kp), Pratt & Whitney PW 2037 mit je 175,2 kN (17.350 kp), Rolls-Royce RB.211-535E4B mit je 178,4 kN (18.190 kp), PW2040 mit je 185,3 kN (18.901 kN) Standschub

Abmessungen und Leistungen:

Spannweite:	38,05 m
Länge:	47,32 m
Höhe:	13,56 m
Flügelfläche:	185,25 m^2
Pfeilung:	24,5 Grad
Flächenbelastung:	625,83 kg/m^2
Kabinenbreite:	3,53 m
Rüstmasse:	58.040 kg
max. Startmasse:	115.660 kg
max. Landemasse:	95.250 kg
max. Nutzmasse:	26.300 kg
max. Nutzmasse als Frachter:	36.222 kg
Tankkapazität:	42.680 Liter
max. Reisegeschwindigkeit auf 9.150 m Höhe:	935 km/h
wirtschaftliche Reisegeschwindigkeit:	850 km/h
Landegeschwindigkeit:	240 km/h
Dienstgipfelhöhe:	12.950 m
Reisehöhe:	11.980 m
Steigleistung:	750 m/min
max. Reichweite:	8.460 km
Reichweite mit 201 Passagieren:	7.240 km
Treibstoffverbrauch im Reiseflug:	4.600 l/h
Erstflug:	19. Februar 1982

Im Einsatz bei:

American Airlines, American Trans Air, Britannia Airways, British Airways, Continental Airlines, Condor, Delta Air Lines, European Air Transport, Iberia, Northwest Airlines, United Airlines, US Airways

Auf den Langstrecken von Britannia Airways kommt die Boeing 767-300ER zum Einsatz

Für den Einsatz über mittlere und lange Distanzen bietet Boeing die 767 an. Die neueste Version, die Boeing 767-400 ER ist die größte Maschine dieses Typs mit einer max. Startmasse von 204.120 kg.

Die ersten Planungen für die Boeing 767 liefen unter der Projektbezeichnung Boeing 7X7. Gedacht wurde, das Flugzeug in erster Linie auf inneramerikanischen Strecken mit hohem Fluggastaufkommen einzusetzen.

Ursprünglich plante Boeing zwei Versionen der Boeing 767 zu bauen, zum einen die 767-100 mit einem kürzeren Rumpf und Platz für 180 Passagiere sowie das Basismodell 767-200. Die 767-100 wurde jedoch nicht gebaut, dafür entschied sich Boeing, die 767-200 als Mittelstrecken-Ver-kehrsflugzeug mit unterschiedlichen Fluggewichten anzubieten.

Wesentlicher Unterschied der Boeing 767 zu anderen Großraumflugzeugen ist der geringe Rumpfquerschnitt von nur 4,7 m, was die Entwicklung neuer Container für die Unterflurladeräume notwendig machte, da die Standard-Container LD-3 zu groß waren. Der einzige Grund, der für den kleineren Rumpf spricht, ist der etwas geringere Luftwiderstand gegenüber den Konkurrenzmodellen.

Internationale Zusammenarbeit

Die internationale Beteiligung ist sehr groß. So werden Baugruppen von Aeritalia aus Italien und von Mitsubishi und Fuji aus Japan sowie Canadair aus Kanada geliefert.

Mit dem Eingang eines Auftrages von United Airlines über 30 Flugzeuge am 14. Juli 1978 fiel bei Boeing die Entscheidung zum Bau der 767. United Airlines entschied sich für das Pratt & Whitney JT9D-7R4D mit einer Leistung von 21.773 kp Schub, während Delta das General Electric CF-80A mit der gleichen Leistung auswählte. Für Bodentests und Ermüdungsversuche wurde jeweils eine Zelle hergestellt.

Der Roll-out erfolgte am 4. August 1981. Zum Erstflug startete der Prototyp mit der Zulassung N767BA am 26. September 1981, welcher 2 Stunden und 4 Minuten dauerte. Als Antrieb dienten zwei Pratt & Whitney JT9D-7R4D. Zusammen mit drei Serienflugzeugen wurde die Flugerprobung durchgeführt. Die erste Boeing 767 mit General Electric CF6-80A2 flog am 19. Februar 1982. Die Zulassung für die mit Pratt & Whitney ausgerüstete Boeing 767 wurde am 30. Juli 1982 erteilt, für das General Electric-Triebwerk am 30. September 1982.

United übernahm am 19. August 1982 die erste Maschine und setzte sie ab dem 8. September 1982 im Liniendienst ein, gefolgt von American am 21. November und Delta am 15. Dezember 1982.

Für Langstreckeneinsätze entwickelte Boeing die 767-200ER (Extended Range). Äußerlich ohne Unterschied zwischen der Grundversion und der 767-200ER, verfügt

Hoch über den Wolken, eine Boeing 767-300 von Lan Chile

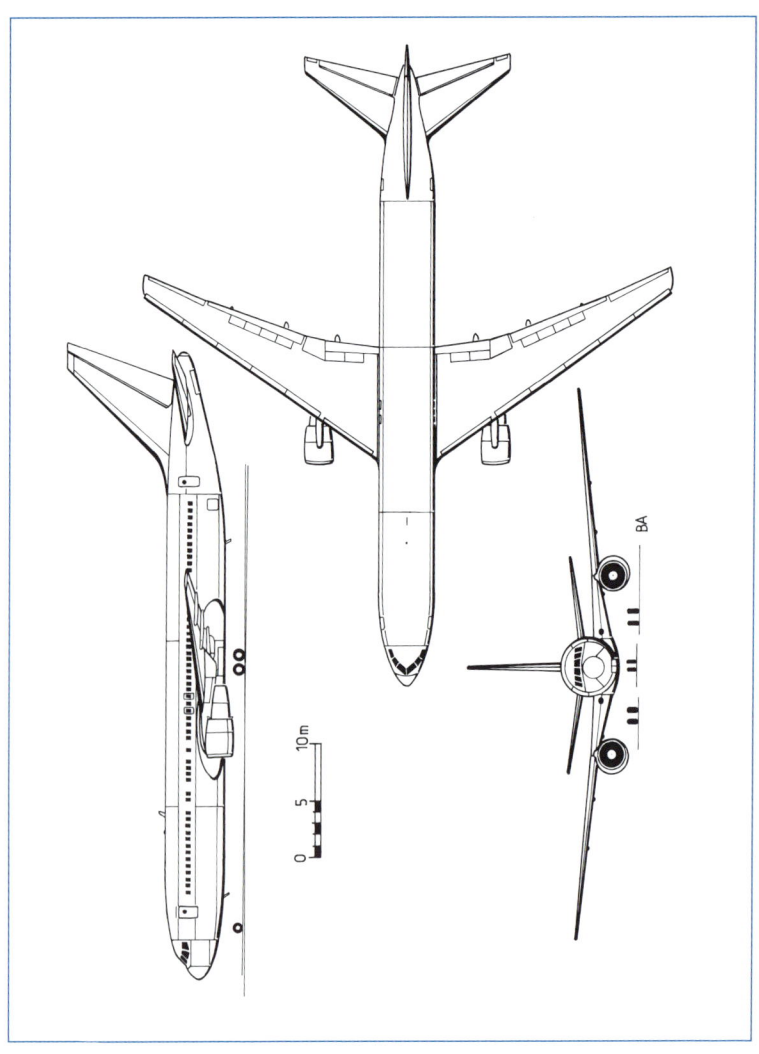

10 m

5

0

BA

Boeing 767-381 (JA8579) der All Nippon Airways in der „Marine Jumbo Junior"-Bemalung

letztere jedoch über größere Tanks, eine stärkere Zellenstruktur im Tragflächenbereich und stärkere Triebwerke. Mit den neuen Tanks erhöhte sich das Fassungsvermögen auf 77.412 Liter, was eine Steigerung der Reichweite auf rund 10.000 km bewirkte. Im Verlauf der Einsatzzeit der Boeing 767 erhöhte sich die Treibstoffkapazität des Mitteltanks immer mehr, so daß die Treibstoffmenge insgesamt auf 91.370 Liter angehoben wurde, was mehr als dem doppelten Tankinhalt der ersten Boeing 767 entspricht. Der Erstflug erfolgte am 6. März 1984. Die erste Boeing 767-200ER wurde im Juni 1984 von Ethiopian Airlines übernommen und in den Liniendienst gestellt.

Zulassung für interkontinentale Flüge

Die Boeing 767-200ER war das erste zweistrahlige Verkehrsflugzeug für interkontinentale Strecken. Sie durfte aber nach den damals noch gültigen Vorschriften nur über dem Festland eingesetzt werden, wo sich innerhalb von 60 Minuten Flugzeit ein Ausweichflugplatz befand. Boeing und einige Fluggesellschaften, die die Boeing 767-200ER einsetzten, bewirkten 1985 mit dem Zulassungsprogramm ETOPS (Extended Twin Operations) ein Limit von 120 Minuten. Im April 1989 wurde die Beschränkung auf 180 Minuten erweitert.

Air New Zealand bediente ab 1990 mit der Boeing 767-200ER die Pazifik-Strecken zwischen Asien und Amerika.

Boeing 767-300

Im Februar 1983 wurde erstmals bekannt, daß Boeing an einer verlängerten Version der Boeing 767 arbeitet. Es handelte sich dabei um die Boeing 767-300. Diese wurde gegenüber der Basisversion vor dem

Air Canada betreibt eine der größten Boeing 767-Flotten

Tragflügel um 3,1 m und dahinter um 3,4 m verlängert. Durch die Rumpfstreckung konnte rund 25 Prozent Transportkapazität gewonnen werden. Die Startmasse beträgt 159.200 kg. Bedingt durch das erhöhte Abfluggewicht mußte das Fahrwerk und teilweise die Beplankung des Rumpfes und der Tragflächen verstärkt werden. Die Reichweite liegt bei 7.000 km. Mit der Flugerprobung der Boeing 767-300 wurde am 1. Februar 1986 begonnen. Erster Abnehmer für die Boeing 767-300 war Japan Airlines, die am 25. September 1986 ihre erste Maschine erhielt.

Boeing begann im Januar 1985 mit der Entwicklung der Boeing 767-300ER für Langstreckeneinsätze. Diese verbindet die erhöhte Treibstoffkapazität der 767-200ER mit dem gestreckten Rumpf der 767-300.

Für diese Maschinen stehen auch neue Triebwerke zur Verfügung. Mit den General Electric-Triebwerken können zum Beispiel Ziele bis zu 11.230 km erreicht werden. Am 19. Dezember 1986 erfolgte der Erstflug. Im Sommer 1988 konnte der Liniendienst durch American Airlines aufgenommen werden. Condor übernahm 1993 elf Boeing 767-300ER.

Boeing 767-400

Als neueste Variante gilt die 767-400ER. Continental und Delta haben 52 Flugzeuge dieser Version bestellt. Der Rumpf erfuhr eine Verlängerung auf 61,37 m. Dadurch konnte die Sitzplatzkapazität um rund 20 Prozent erhöht werden. Ebenfalls erhöht wurde die Spannweite, die jetzt 51,92 m beträgt. Außerdem wurden an den Flügelspitzen an Stelle der sonst üblichen Winglets so genannte Raked Wingtips zur Reduzierung des Luftwiderstands angebaut. Die Boeing 767-400 erhielt ein verstärktes Fahrwerk mit den Rädern der Boeing 777.

Der Roll-out erfolgte am 26. August 1999 in Everett. Die Flugerprobung wurde am 9. Oktober 1999 aufgenommen. Den 5 Stunden dauernden Erstflug führten Buzz Nelson und John Cashman durch. Nach dem Abschluß der Erprobung, die rund 500 Flugstunden umfaßte, erhielt die Maschine einen neuen Anstrich in den Farben von Delta Airlines und wurde am 29. August 2000 ausgeliefert. Insgesamt wurden für die Erprobung vier Flugzeuge eingesetzt. Die vierte Maschine nahm Ende Juni 2000 die Flugerprobung auf. Die Zulassung durch die FAA erfolgte am 20. Juli 2000, durch die JAA am 25. Juli. Continental Airlines erhielt die erste Boeing 767-400ER am 31. August 2000. Bis zum Jahresende 2003 erhielt Boeing über 930 Bestellungen aller Versionen von rund 80 Fluggesellschaften. Da keine neuen Aufträge eingingen, kann die Produktion der 767 nur noch aufrechterhalten werden, wenn die geplante Bestellung von 100 Boeing 767-Tankern (KC-767A) für die US Air Force vom amerikanischen Senat genehmigt wird.

BOEING 767-300ER

Hersteller:	The Boeing Company USA
Verwendung:	Mittel- und Langstrecken-Verkehrsflugzeug für 210 bis 325 Passagiere
Besatzung:	Zwei Piloten und 10 bis 14 Flugbegleiter
Triebwerke:	Zwei Mantelstromtriebwerke Pratt & Whitney PW4060 mit je 266,9 kN (27.216 kp) oder zwei General Electric CF6-80C2B2 mit je 233,5 kN (23.815 kp) Standschub oder Rolls-Royce RB211-524G/H mit je 269,5 kN (27.488 kp)

Abmessungen und Leistungen:

Spannweite:	47,57 m
Länge:	54,94 m
Höhe:	15,85 m
Flügelfläche:	283,35 m²
Pfeilung:	31,5 Grad
Flächenbelastung:	651,5 kg/m²
Rüstmasse:	90.500 kg
max. Startmasse:	186.900 kg
max. Landemasse:	145.100 kg
max. Nutzmasse:	40.825 kg
Tankkapazität	91.370 l
max. Reisegeschwindigkeit:	925 km/h
Langstrecken-Reisegeschwindigkeit:	852 km/h
Landegeschwindigkeit:	265 km/h
Dienstgipfelhöhe:	13.200 m
Steigleistung:	700 m/min
Reichweite mit voller Nutzmasse:	9.200 km
Treibstoffverbrauch im Reiseflug:	7.000 l/h
Erstflug:	1. Februar 1986

Im Einsatz bei:

Air Canada, All Nippon Airways, American Airlines, Asiana Airlines, British Airways, Continental Airlines, Delta Airlines, Japan Airlines, Lan Chile, Qantas, United Airlines, Varig Brasil

Boeing 777 von United Airlines, einer der größten Fluggesellschaften der USA

Die Boeing 777 gehört zu den größten Flugzeugen der Welt. Die erste 777 erhielt United Airlines am 15. Mai 1995. Der Eröffnungsflug für den Linienverkehr wurde mit der N777NA am 7. Juni 1995 von London nach Washington durchgeführt.

Unter der Projektbezeichnung 767-X kündigte Boeing Ende 1989 die Entwicklung eines zweistrahligen Verkehrsflugzeugs für 350 bis 375 Passagiere an, das eine Reichweite von rund 7.500 km aufweisen sollte. Nach weiteren Planungen erhielt der Entwurf die Typenbezeichnung Boeing 777. Bei der Entwicklung flossen die neuesten technologischen Errungenschaften in die Konstruktion mit ein. Dies waren ein Fly-by-wire-Steuerungssystem, ein neu

entwickeltes Tragflächenprofil, eine Aluminium-Legierung mit besten Druck- und Ermüdungseigenschaften, ein Seitenleitwerk aus Verbund-Werkstoffen und modernste Avionik.

Erstmals wurde für eine Neuentwicklung kein Mock-up gebaut. Die Entwürfe wurden mit einer 3D-CAD-Anlage erstellt. Für die dynamischen und statischen Versuche wurden zwei Bruchzellen vorgesehen. Die Boeing 777 liegt mit ihrer Transportkapazität in der Mitte zwischen der Boeing 767 und der Boeing 747-400. Ihr Rumpfdurchmesser ist mit 6,2 m nur geringfügig kleiner als bei der Boeing 747.

Die Tragfläche der Boeing 777 wurde überdimensioniert geplant, so daß gestreckte Versionen ohne Änderung der Tragfläche gebaut werden können. Gegenüber anderen Modellen von Boeing bietet diese Tragfläche mit dem neuentwickelten Profil verbesserte Reiseflugeigenschaften. Neu für ein Verkehrsflugzeug sind die als Option erhältlichen hochklappbaren Tragflügelenden, wodurch die Spannweite am Boden auf 47,29 m reduziert werden kann, so daß die Maschine auf ihrer Parkposition einen geringeren Platzbedarf aufweist. Für diese Variante fand sich bis jetzt noch kein Kunde. Als erstes amerikanisches Verkehrsflugzeug ist die Boeing 777 mit einer Fly-by-wire-Steuerung ausgerüstet. Das Cockpit der Boeing 777 unterscheidet sich in seiner Auslegung nur wenig von dem der Boeing 747-400. Die bei der Boeing 747-400 verwendeten Bild-schirme werden bei der Boeing 777 durch leichte, flache Flüssigkristall-Bildschirme ersetzt.

Für den Antrieb stehen Triebwerke von General Electric, Pratt & Whitney und Rolls-Royce zur Auswahl. Jedes dieser Triebwerke entwickelt eine höhere Schubleistung als alle vier Triebwerke einer Boeing 707 zusammen.

Insgesamt besteht die Boeing 777 aus über drei Millionen Einzelteilen, inklusive der Schrauben und Nieten. 132.500 Teile werden speziell für die Boeing 777 angefertigt.

Erstkunde war United Airlines, die am 15. Oktober 1990 eine Bestellung über 34 Maschinen und 34 Optionen aufgab.

Boeing 777 von Cathay Pacific im Anflug auf Hongkong

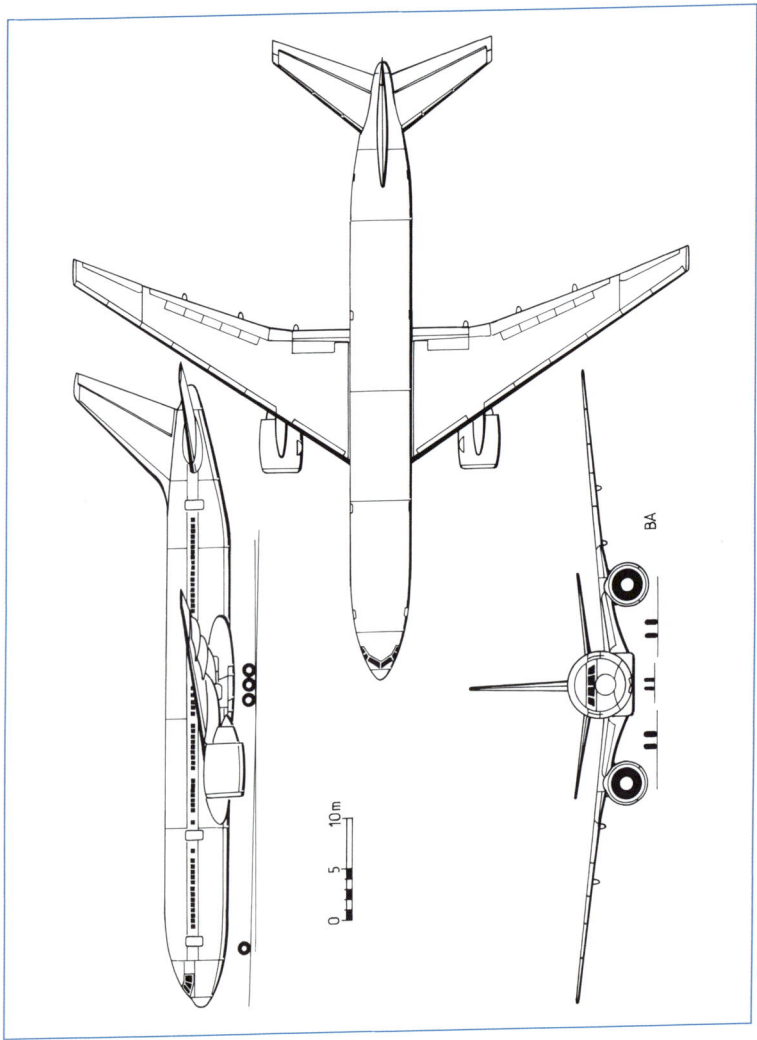

BA

10 m

5

0

Start der ersten für die Air France vorgesehenen Boeing 777-200 (F-GSPA) zu ihrem Ablieferungsflug nach Paris. Das Flugzeug wird von zwei General Electric GE 90 Triebwerken angetrieben. Der Liniendienst wurde am 9. April 1998 eröffnet

Als nächste Fluggesellschaft bestellte All Nippon Airways 15 Flugzeuge und vergab zehn Optionen. Nach dieser Order startete Boeing die Fertigung der Boeing 777 offiziell am 29. Oktober 1990.

Am 9. April 1994 erfolgte der Roll-out des Prototyps. Der Erstflug der N7771 am 12. Juni 1994 dauerte drei Stunden und 48 Minuten. Die zweite Boeing 777, die erste in den Farben des Erstkunden United Airlines, absolvierte am 15. Juli 1994 erfolgreich ihren ersten Testflug, der fünf Stunden und zwölf Minuten dauerte. Im Cockpit saßen Joe MacDonalds und Jamie Loesch. Während der Erprobung wurden in rund 4.800 Flügen 6.700 Flugstunden absolviert. Von den neun Erprobungsflugzeugen erhielten die ersten vier Pratt & Whitney PW 4084 Triebwerke. Sie dienten zur Überprüfung der Aerodynamik, der automatischen Flugsteuerung, der Bordsysteme, der Stabilität und der Struktur. Im Oktober 1994 stieß eine fünfte, ebenfalls mit PW 4084 ausgerüstete Maschine zur Testflotte. Mit ihr wurde der tägliche Flugtrieb bei den Fluggesellschaften und die Wartungsmöglichkeiten getestet. Im Rahmen dieser Erprobung wurde bei acht Flügen mit zusammen 24 Flugstunden auch der Nachweis für den Einsatz nach den 180-Minuten-ETOPS Richtlinien erbracht. Die fünf Flugzeuge verbrachten zusammen 3.235 Stunden in der Luft. Die Typenzulassung wurde im Mai 1995 erteilt.

Für die Erprobung mit den völlig neu entwickelten GE 90-Triebwerken wurden zwei Flugzeuge eingesetzt. Sie dauerte zehn Monate und umfaßte 1.750 Flugstunden. Die Zulassung durch die FAA erfolgte im August 1995. British Airways bestellte als erste Fluggesellschaft diese Version.

Die dritte Variante erhielt Rolls-Royce Trent 800-Triebwerke. Auch hier wurden zwei Erprobungsflugzeuge eingesetzt, die 1.700 Flugstunden absolvierten. Die Zulassung erfolgte im Januar 1996. Erstkunde wurde Thai Airways International.

Das gesamte Erprobungsprogramm dauerte bis März 1996. Das erste Serienflugzeug übernahm United Airlines am 15. Juli 1994.

Von der Boeing 777 werden verschiedene Versionen angeboten. Die Boeing 777-200 für 305 bis 320 Passagiere mit einer Länge von 63,73 m und einer Reichweite von 14.300 km. Die Langstreckenausführung Boeing 777-200IGW hat ein erhöhtes Abfluggewicht und flog erstmals am 21. November 1996. Die Entwicklung der Boeing 777-200LR und -300LR wurde am 28. Februar 2000 beschlossen.

Speziell für den asiatischen Raum ist die Boeing 777-300 mit 368 Passagiere vorgesehen. Gegenüber der -200 wurde der Rumpf um 10,10 m auf eine Länge von 73,86 m gestreckt. Die Tragfläche mit einem neu entwickelten Profil erreicht eine Spannweite von 64,80 m, was einer Streckung um 3,96 m entspricht. Die Abflugmasse liegt bei 340.000 kg. Sie hat eine Reichweite von 13.000 km. Am 8. September 1997 hatte das Flugzeug in Everett seinen Roll-out, gefolgt vom Jungfernflug am 16. Oktober 1997, der 4 Stunden und 6 Minuten dauerte. Die Maschine wurde

Auch bei Lauda Air stehen vier Boeing 777-200 im Einsatz

zeuge sind bestellt und der Erstflug ist für 2004 geplant. Die Auslieferung des ersten Flugzeugs ist für Januar 2006 vorgesehen.

BUnte Bemalungen sind heute bei den meisten Airlines Standard

von Rolls-Royce Trent Triebwerken angetrieben. Die Zulassung durch die FAA wurde am 5. Mai 1998 erteilt. Als erste Fluggesellschaft konnte Cathay Pacific am 22. Mai 1998 eine Boeing 777-300 übernehmen.

Am 14. November 2002 hatte die Boeing 777-300ER ihren Roll-out. Sie ist das größte zweistrahlige Verkehrsflugzeg und kann bis zu 365 Passagiere über 13.500 km befördern. Als Antrieb dienen zwei GE90 115B mit einer Leistung von je 511 kN. Der Erstflug erfolgte am 24. Februar 2003. Im Cockpit befanden sich die beiden Testpiloten Frank Santoni und John Cashman. Der zweite Prototyp der Boeing 777-300ER hob am 6. April 2003 in Everett zum Erstflug ab. Das Erprobungsprogramm mit den beiden Prototypen soll 1.600 Flugstunden und 1.000 Stunden am Boden umfassen. Die Zulassung durch die FAA wird für Anfang 2004 erwartet.

Parallel zur Boeing 777-300ER entsteht die Boeing 777-200LR mit dem gleichen Antrieb und einem kürzeren Rumpf. Ihre Reichweite liegt bei 16.850 km. Fünf Flug-

BOEING 777-200

Hersteller:	The Boeing Company USA
Verwendung:	Langstrecken-Verkehrsflugzeug für 305 bis 440 Passagiere
Besatzung:	Zwei Piloten und 10 bis 14 Flugbegleiter
Triebwerke:	Zwei Mantelstromtriebwerke General Electric GE90-76B, Pratt & Whitney PW4074 oder Rolls-Royce Trent 875 mit 317 bis 331 kN (32.295 kp bis 33.792 kp) Standschub

Abmessungen und Leistungen:

Spannweite:	60,93 m
Spannweite mit gefalteten Flügelspitzen:	47,29 m
Länge:	63,73 m
Höhe:	18,51 m
Rumpfweite:	5,87 m
Flügelfläche:	427,80 m²
Pfeilung:	31,5 Grad
Flächenbelastung:	620,27 kg/m²
max. Rüstmasse:	141.890 kg
max. Startmasse:	263.090 kg
max. Landemasse:	208.660 kg
max. Nutzmasse:	54.600 kg
Unterflurladeraum:	160,17 m³
Tankkapazität:	171.160 l
max. Reisegeschwindigkeit:	925 km/h
Landegeschwindigkeit:	250 km/h
Dienstgipfelhöhe:	12.500 m
Steigleistung:	800 m/min
Reichweite mit voller Nutzmasse:	7.700 km
Treibstoffverbrauch im Reiseflug:	7.000 l/h
Erstflug:	12. Juni 1994

Im Einsatz bei:
Air France, All Nippon Airways, American Airlines, British Airways, Continental Airlines, Delta Airlines, Emirates, Japan Airlines, Malaysia Airlines, Saudi Arabian Airlines, Thai Airways, United Airlines

Crossair setzte unter anderem auch die Boeing (MDD) MD-83 ein

Die MD-80-Serie sollte die nicht mehr dem neuesten technischen Stand entsprechenden DC-9-Modelle ablösen. Nach der Übernahme von McDonnell Douglas durch Boeing wurde die Produktion im Jahr 2000 eingestellt.

Douglas stellte 1962 den Entwurf für ein Verkehrsflugzeug mit der Projektnummer D-2086 vor. Neu an der Konstruktion war die Verlegung der Triebwerke ans Heck. Außerdem fiel das kurze Fahrwerk auf, das es ermöglichen sollte, das Flugzeug ohne komplexe Bodeneinrichtungen zu betreiben. Für den Antrieb wurden Pratt & Whitney JT8D Triebwerke ausgewählt. Die erste Variante, die DC-9-10, hatte ein Startgewicht von 36.288 kg und war für 65 bis 90 Passagiere ausgelegt.

Der Erstflug der DC-9, wie die Maschine jetzt genannt wurde, fand am 25. Februar 1965 in Long Beach statt. Insgesamt beteiligten sich fünf Flugzeuge an der Erprobung. Delta Air Lines, die im April 1963 die ersten 15 DC-9 bestellt hatte, nahm am 8. Dezember 1968 den Linienbetrieb auf.

Gebaut wurde die DC-9 in den Versionen DC-9-10 (137 Flugzeuge), DC-9-20 (10 Flugzeuge), DC-9-30 (621 Flugzeuge), DC-9-40 (71 Flugzeuge) und DC-9-50 (96 Flugzeuge).

Eine neue Flugzeugfamilie

Zur Ablösung der MDD DC-9 entwickelte McDonnell Douglas eine neue Flugzeugfamilie, die auf der DC-9 aufbaute. Das Projekt wurde im Oktober 1977 als DC-9 Super 80 vorgestellt. Im Laufe der Entwicklung entstanden die Baureihen DC-9-81

DC-9-82, DC-9-83, DC-9-87 und DC-9-88. Die Rumpflängen der MD-81, -82, -83 und -88, wie die Typenbezeichnung seit 1984 lauten, sind gleich. Sie unterscheiden sich in den Triebwerken, Abflugmassen, der Treibstoffkapazität, Avionik und Flugleistungen.

Gegenüber dem Ausgangsmuster DC-9-50 wurde der Rumpf der Super 80 um 4,4 m verlängert. Wenn man die erste DC-9-10 zum Vergleich heranzieht, beträgt die Verlängerung sogar 13,2 m. Die Tragfläche erhielt ein verstärktes Flügelmittelstück, wodurch sich die Spannweite um 2,8 m erhöhte. Weitere Änderungen betrafen das Höhenleitwerk, dessen Spannweite um 1,1 m vergrößert wurde und das Fahrwerk, das man erheblich verstärken mußte.

Als Triebwerk kam das JT8D-9 zum Einsatz, das eine modifizierte Turbinensektion und einen neuen Niederdruckkompressor hatte. Die zweistufige Fan-Sektion wurde durch eine einstufige ersetzt, deren Durchmesser 1,25 m größer war, was sich positiv auf die Lärmentwicklung beim Start auswirkte.

Dank des digitalen Flugführungssystems ist die MD-80 in der Lage, Landungen nach Kategorie IIIA durchzuführen. Die Instrumente wurden auf Bildschirmanzeigen umgestellt.

Austrian Airlines und Swissair erteilten als Erstbesteller am 1. Oktober 1977 einen Auftrag über 13 bzw. 25 MD-81. Bei der MD-81 handelt es sich um die Basisversion mit zwei JT8D-209 Mantelstromtriebwerken mit einem Standschub von je 82,3 kN (8400 kp). Die Startmasse beträgt 63.500 kg. Im Liniendienst werden bis zu 145, bei Charterflügen bis zu 172 Passagiere befördert. Sie hat eine Reichweite von 3.300 km und Tanks mit einem Fassungsvermögen von 22.185 Litern.

Diese Boeing (MDD) MD-82 (EC-FJQ) gehörte zur Spanair-Flotte

Der Prototyp mit der Zulassung N980DC startete am 18. Oktober 1979 zu seinem Erstflug. Der zweite Prototyp (N1002G) absolvierte seinen Jungfernflug am 6. Dezember 1979. Er stürzte am 19. Juni 1980 bei Yuma in Arizona während der Flugerprobung ab, wodurch sich die Zulassung um fünf Monate verzögerte. Die dritte Maschine nahm am 29. Februar 1980 die Erprobung auf. Die FAA erteilte am 26. August 1980 die Zulassung für die MD-81. Swissair erhielt die erste Maschine (HB-INC) am 14. September 1980. Der Liniendienst wurde am 5. Oktober 1980 aufgenommen.

Nächstes Modell war die MD-82 mit stärkeren JT8D-217C Triebwerken. Die Startmasse wurde auf 67.800 kg erhöht und mit 155 Passagieren an Bord beträgt die Reichweite rund 4.000 km.

Ab der MD-82 wurde ein neugestalteter Heckkonus mit weniger Luftwiderstand angebaut. Erste Bestellungen für diese Version trafen im August 1978 ein. Der Erstflug erfolgte am 8. Januar 1981 und schon am 30. Juli 1981 erhielt die Maschine ihre Verkehrszulassung. Republic erhielt die erste MD-82 am 5. August 1981. Ab 1982 wurde von der MD-82 eine Version mit JT8D-217A Triebwerken angeboten, die mit einer Flugmasse von 67.812 kg über eine erhöhte Reichweite verfügten.

Anfang 1984 wurde mit der chinesischen SAIC ein Vertrag über die Lizenz-

MDD-83 in Swiss-Farben beim Start in Zürich

MD-82 des SAS in Paris-Charles de Gaulle

herstellung von 50 MD-82 abgeschlossen. Für die Montage der MD-82 wurde eine Fertigungsstraße eingerichtet. MDD lieferte im Juli 1987 für 30 MD-82 die Bausätze, die restlichen Maschinen wurden zum größten Teil in China gefertigt. Die erste in China gebaute Maschine übernahm CAAC im August 1987.

Die Mittelstreckenversion MD-83, die erstmals am 17. Dezember 1984 vom Boden abhob, verfügt über einen zusätzlichen Tank im Frachtraum, wodurch sich das Tankvolumen auf 26.590 Liter und die Reichweite auf über 5.000 km erhöhte. Die Startmasse wurde auf 72.500 kg gesteigert, was zur Folge hatte, daß tragende Teile der Maschine verstärkt werden mußten. Die FAA-Zulassung konnte 1985 erteilt werden. Erste Bestellungen wurden im März 1983 erteilt, und Finnair nahm als erste Fluggesellschaft den Liniendienst im Februar 1985 auf.

Die 1000. MD-80 wurde am 23. März 1992 an Alaska Airlines, die 2000. DC-9/MD-80 am 11. Juni 1992 an American

Airlines ausgeliefert. Mit der Übergabe des letzten Flugzeugs im Januar 2000 wurde die Produktion der MD-80 Serie eingestellt.

MD-87 der spanischen Fluggesellschaft Iberia

Die MD-90 war für McDonnell Douglas ein Flop. Sie wurde für Kurz- und Mittelstrecken konzipiert und sollte auch in China in Lizenz gebaut werden. Nach 132 gefertigten Einheiten wurde die Produktion im Jahr 2000 eingestellt.

Um wieder ein Flugzeug in der Größenordnung der DC-9-30, die die erfolgreichste Variante der DC-9-Baureihe war, anbieten zu können, entstand bei McDonnell Douglas die MD-87 mit einem um 5,40 m kürzeren Rumpf. Sie kann bis zu 130 Passagiere befördern und ist vor allem für Strecken bestimmt, deren Verkehrsaufkommen für die MD-81/82 zu gering ist.

Zwei Varianten wurden angeboten, einmal die MD-87SR mit einer Startmasse von 63.500 kg und die MD-87ER mit einer auf 67.800 kg erhöhten Startmasse und einer Reichweite von über 5000 km. Angetrieben wird die Maschine von zwei JT8D-217E Triebwerken mit einer Leistung von je 88,96 kN (9072 kp). Die Tanks fassen 22.185 Liter Treibstoff.

Erste Bestellungen

Nachdem Austrian Airlines und Finnair Bestellungen für diesen Typ erteilt hatten, gab McDonnell Douglas am 3. Januar 1985 bekannt, daß die Produktion der MD-87 aufgenommen wird. Die erste MD-87 nahm am 4. Dezember 1986 in Long Beach die Flugerprobung auf. Von der FAA wurde die Verkehrszulassung am 21. Oktober 1987 erteilt.

Erstkunden Finnair und Austrian Airlines konnten ihre Flugzeuge im Novem ber 1987 übernehmen. Die spanische Iberia hat mit 24 Einheiten die größte MD-87 Flotte.

Von der MD-87 konnten 75 Flugzeuge an zehn Kunden ausgeliefert werden.

McDonnell Douglas MD-88

Letzte Version der MD-80-Serie ist die 1986 vorgestellte MD-88 mit gleichem Rumpf wie die MD-81/82/83, aber in der Ausrüstung auf neuestem technischem Stand. Neue Triebwerke, eine fortschrittlichere Cockpitausrüstung mit Electronic Flight Instrument System der Firma Sperry, Flight Management System, einem Windscher-Warnsystem und einem Trägheitsnavigationssystem.

Die Passagierkabine bietet bis zu 142 Personen Platz, wobei die Gänge verbreitert und größere Gepäckfächer eingebaut wurden. Ausgerüstet wurde die MD-88 mit zwei JT8D-217C-Triebwerken.

Erstbesteller und zugleich mit 120 Einheiten der größte Betreiber ist Delta Air Lines. Der Erstflug erfolgte am 15. August 1987 und die Typenzulassung am 9. Dezember. Delta Airlines nahm ab dem 5. Januar 1988 den Linienverkehr mit der MD-88 auf. Fünf Fluggesellschaften bestellten 158 MD-88.

McDonnell Douglas MD-90

Am 14. November 1989 fiel bei McDonnell Douglas die Entscheidung, eine weitere

Boeing (MDD) MD-90 im Einsatz bei der türkischen Fluggesellschaft KTHY

Variante der DC-9/MD-80 zu entwickeln. Ausgangsmuster für die MD-90-30 war die MD-88, von der das Leitwerk, der Flügel und das Fahrwerk übernommen und an das erhöhte Gewicht angepaßt wurden. Das zusätzliche Rumpfsegment von 1,45 m Länge wurde hinter dem Cockpit eingefügt, um das höhere Gewicht der Triebwerke auszugleichen. Die Passagierkabine erhielt größere Gepäckablagen und eine verbesserte Beleuchtung sowie neue Fenster.

Das Seitenleitwerk stammt von der MD-87. Ebenfalls von der MD-88 übernommen wurde das mit Bildschirmen bestückte Cockpit.

Neue Triebwerksgeneration

Die MD-90-30 wird von zwei Mantelstromtriebwerken V2500 von International Aero Engines (IAE) mit einem Standschub von je 111,2 kN (11.341 kp) angetrieben. Weitere Neuerungen: Hydraulischer Antrieb der Höhensteuerung, neue Elektrik, leistungsfähigeres APU, das auch im Flug in Betrieb gesetzt werden kann, sowie ein leichteres Bremssystem mit Karbon-Belägen und ABS.

Geplant wurden drei Versionen. Die MD-90-10 mit gleicher Rumpflänge wie die MD-87 und einer Startmasse von 63.000 kg. Sie wurde für die Beförderung von 132 Passagieren ausgelegt. Als Triebwerk wurde das V2522-D5 mit 97,86 kN Schub

Boeing (MDD) MD-87 der spanischen Fluggesellschaft Iberia beim Start in Frankfurt von der Startbahn West

vorgesehen. Als Basisversion entstand die -30, die für 152 Passagiere ausgelegt ist und eine Startmasse von 70.760 kg hat. Als Antrieb kamen die leistungsstärkeren V2525-D5 mit 111,2 kN Schub zum Einbau. Leistungsstärkste Variante sollte die -50 mit zwei V2528-D5 Triebwerken werden. Jedes Triebwerk hatte einen Schub von 124,6 kN (12.712 kp). Die -50 sollte 180 Passagiere befördern, eine Startmasse von 78.245 kg und eine Reichweite von 5.296 km haben. Gegenüber der -30 faßten die Tanks 6.738 Liter mehr Treibstoff. Gebaut wurde dann nur die MD-90-30.

Nachdem die Fertigung am 14. November 1989 aufgenommen wurde, konnte der erste Prototyp am 22. Februar 1993 zu seinem Jungfernflug starten. Für die Zulassung wurde ab dem 27. August 1993 eine zweite Maschine eingesetzt. Die Typenzulassung wurde am 15. November 1994 abgeschlossen. Die erste Serienmaschine absolvierte ihren Jungfernflug am 20. September 1994. Delta Air Lines erhielt am 24. Februar 1995 seine erste Maschine. 1995 bestellte Saudi Arabian Airlines 29 MD-90-30, die ab 1997 ausgeliefert wurden.

Lizenzfertigung in China

Für den Einsatz auf Inlandstrecken in China wurde die MD-90-30T für 105 Passagiere mit Tandemfahrwerk für schlechte Start- und Landebahnen entwickelt. Das Lizenzabkommen wurde am 4. November 1994 unterzeichnet. Eine Maschine fertigte McDonnell Douglas als Musterflugzeug.

Die Produktion erfolgte bei Shanghai Aviation, wofür 20 Bausätze geliefert wurden.

Letzte Version war die MD-95, die jetzt als Boeing 717-200 gebaut wird. Nach der Auslieferung von 114 MD-90-30 und 20 MD-90-30T wurde die Produktion wie bei der MD-80 Serie im Januar 2000 eingestellt.

BOEING MD-90-30

Hersteller:	The Boeing Company Douglas Products Division, USA
Verwendung:	Kurz- und Mittelstrecken-Verkehrsflugzeug für 153 bis 172 Passagiere
Besatzung:	Zwei Piloten und drei bis vier Flugbegleiter
Triebwerk:	Zwei Mantelstromtriebwerke International Aero Engines IAE V2525-D5 mit je 11.340 kp (111,21 kN) Standschub

Abmessungen und Leistungen:

Spannweite:	32,87 m
Länge:	46,51 m
Höhe:	9,30 m
Flügelfläche:	112,32 m^2
Rüstmasse:	39.375 kg
max. Startmasse:	70.760 kg
max. Nutzmasse:	16.200 kg
Tankkapazität:	22.104 Liter
Höchstgeschwindigkeit:	880 km/h
wirtschaftliche Reisegeschwindigkeit:	811 km/h
Landegeschwindigkeit:	260 km/h
Dienstgipfelhöhe:	11.277 m
Startstrecke:	2134 m
Landestrecke:	1564 m
Reichweite mit voller Nutzmasse:	4330 km
Erstflug:	22. Februar 1993

Im Einsatz bei:
China Eastern Airlines, China Northern Airlines, China Southern Airlines, Delta Airlines, Eva Air, JAL Domestic, SAS, Saudi Arabian Airlines, Uni Air

Biman Bangladesh Airlines betreibt vier Boeing (MDD) DC-10-30 und zwei Boeing (MDD) DC-10-30ER

Zunächst nur für den Bedarf auf dem amerikanischen Markt entwickelt, ließ sich die DC-10 weltweit verkaufen. Durch mehrere Unfälle, die aber nicht immer der Konstruktion zuzuschreiben waren, bekam sie einen schlechten Ruf. Die Produktion der DC-10 wurde im Januar 1989 eingestellt.

Die DC-10 entstand auf Grund derselben Anforderungen wie die Lockheed L-1011 TriStar. Die Entwicklungsarbeiten an der DC-10 begannen im Juli 1967. Nach mehreren Studien entschieden sich die Ingenieure für ein dreistrahliges Flugzeug mit zwei Triebwerken in Gondeln unter den Tragflächen und einem Triebwerk im Seitenleitwerk. Der Rumpf erhielt einen Durchmesser von 6,02 m und eine Länge von 51,97 m. Die Lebensdauer des Flugzeugs wurde bei 42.000 Landungen au 60.000 Flugstunden ausgelegt.

Erste Verkäufe

Erster Kunde für die DC-10 war America Airlines, die am 19. Februar 1968 eine Fest bestellung über 25 Maschinen aufgab. Als Antrieb wurde das General Electric CF6-6D ausgewählt. Diese Version erhielt die Bezeichnung DC-10-10. Sie hatte eine Reich weite von rund 6.000 km und eine Start masse von 199.600 kg. Die Produktion de DC-10-10 erreichte 130 Einheiten.

Northwest Airlines bestellte Ende 196 20 Einheiten der Langstreckenversio DC-10-20 mit den leistungsstärkeren Prat & Whitney JT9D Triebwerken. Diese Varian te erhielt zusätzliche Tanks im Rumpf und im Flügelmittelkasten. Das Abfluggewicht erhöhte sich dadurch auf 240.000 kg.

Am 23. Juli 1970 konnte die erste DC-10-10 aus der Montagehalle in Long Beach gerollt werden. Der Erstflug der Maschine mit dem Kennzeichen N10DC erfolgte am 29. August 1970 unter der Leitung von Cliff Stout. Für das Erprobungsprogramm setzte MDD insgesamt fünf Flugzeuge ein. Die Zulassung durch die amerikanische Luftfahrtbehörde FAA wurde am 29. Juli 1971 erteilt.

Tragische Unfallserie

Nach einer Reihe schwerer Unfälle mit der DC-10, deren Höhepunkt der Absturz einer DC-10 von American Airlines am 25. Mai 1979 in Chicago war, entzog die FAA am 5. Juni 1979 die Zulassung. Bei den folgenden Unfalluntersuchungen konnte kein grundlegender Konstruktionsfehler nachgewiesen werden. Der Absturz wurde durch den Verlust des linken Triebwerks herbeigeführt. Bei Wartungsarbeiten am Triebwerk wurde dieses vorschriftswidrig mit Hilfe eines Gabelstablers eingebaut, wobei die Triebwerksaufhängung beschädigt wurde und den Belastungen beim Start nicht mehr standhielt.

Der erste Absturz ereignete sich mit einer DC-10 der Turkish Airlines am 5. März 1974 nach dem Start in Paris. Damals hatte sich die Frachttür während des Fluges geöffnet, wodurch strukturelle Schäden am Rumpf entstanden und wichtige Kabelstränge zur Steuerung des Flugzeugs zerstört wurden. Ein weiterer schwerer Unfall ereignete sich am 28. November 1979,

Die Boeing (MDD) DC-10 wurde bei LAM aus Mocambique von einer Boeing 767-200 abgelöst

als eine DC-10 der Air New Zealand infolge falscher Navigationsangaben gegen einen Berg flog.

Bereits am 5. August 1971 konnte American Airlines mit ihrer ersten DC-10-10 den Liniendienst aufnehmen. Mexicana erwarb 1981 fünf DC-10-15. Diese waren für den Einsatz von heißen und hochgelegenen Flugplätzen mit den leistungsstärkeren General Electric CF6-50C2F ausgerüstet. Zwei weitere DC-10-15 übernahm Aeromexico.

Der Prototyp der Langstreckenversion DC-10-20 startete am 28. Februar 1972 zu seinem Erstflug. Später wurde diese Version in DC-10-40 umbenannt. Die Zulassung wurde am 27. Oktober 1972 erteilt und Northwest erhielt das erste Flugzeug am 10. November.

Das Erfolgsmodell DC-10-30

Bestellungen für die Langstreckenversion DC-10-30 kamen im Juni 1969 von dem KSSU-Konsortium, dem KLM, SAS, Swissair und UTA angehörten. Die Lufthansa bestellte elf DC-10-30, die ab November 1973 den Flugbetrieb aufnahmen.

Der Erstflug der DC-10-30 erfolgte am 21. Juni 1972. Sie hat denselben Rumpf wie die DC-10-10. Die Spannweite der DC-10-30 wurde gegenüber der -10 um 3,04 m vergrößert und die Treibstoffkapazität um 56.000 Liter erhöht. Sie verfügte über eine zusätzliche dritte Hauptfahrwerkseinheit mit zwei Rädern unter dem Rumpf und wird von drei General Electric CF6-50C angetrieben. Die FAA-Zulassung erfolgte bereits am 21. November 1972. Im gleichen

Boeing (MDD) DC-10 von Sun Country Airlines. Die beiden DC-10 sind die größten Flugzeuge in der Flotte dieser Fluggesellschaft

Monat stellten KLM und Swissair die ersten Flugzeuge in Dienst. Insgesamt konnten von der -30 Serie 209 Flugzeuge verkauft werden.

Die DC-10-40 unterscheidet sich nur unwesentlich von der -30. Hauptdifferenz sind die Triebwerke. Bei der -40 kommen drei Pratt & Whitney JT9D-59 zum Einbau. Sie hat einen etwas längeren Rumpf und im Detail modifizierte Tragflächen. Gebaut wurden 42 Maschinen, 22 für Northwest Airlines, die sie ab November 1972 übernahm und 20 für Japan Airlines. Im Januar 1980 wurde die 300. DC-10 ausgeliefert.

Ab 1982 konnte die DC-10-30 und die -40 mit einem Zusatztank (Fassungsvermögen 12.700 Liter) nachgerüstet werden, wodurch sich die Reichweite auf 11.500 km erhöhte. Zudem kamen leistungsfähigere General Electric CF6-50C2B Triebwerke zum Einbau. Die mit diesen Modifikationen ausgerüsteten Flugzeuge führen die Zusatzbezeichnung „ER" (Extended Range).

Mit der Bezeichnung DC-10-30CF absolvierte eine kombinierte Passagier/Frachtversion am 28. Februar 1973 ihren Jungfernflug. Bei ihr wurde ein 3,56 m breites und 2,59 m hohes Frachttor im vorderen Rumpfbereich eingebaut sowie der Kabinenboden verstärkt. Diese Version wurde zuerst an Overseas National Airways im April 1973 ausgeliefert.

Bis zur Einstellung der Produktion 1989 verließen 386 DC-10 die Fertigungshallen in Long Beach.

BOEING (MDD) DC-10-30

Hersteller:	The Boeing Company Douglas Products Division, USA
Verwendung:	Mittelstrecken-Verkehrsflugzeug für 225 bis 275 Passagiere
Besatzung:	Zwei Piloten, ein Bordingenieur und sechs bis elf Flugbegleiter
Triebwerke:	Drei Mantelstromtriebwerke General Electric CF6-50C1 mit je 233,5 kN (23.815 kp)

Abmessungen und Leistungen:

Spannweite:	50,42 m
Länge:	55,29 m
Höhe:	17,68 m
Flügelfläche:	364,30 m²
Pfeilung:	35 Grad
Flächenbelastung:	723,30 kg/m²
Kabinenbreite:	5,79 m
Rüstmasse:	118.597 kg
max. Startmasse:	259.457 kg
max. Landemasse:	186.400 kg
max. Nutzmasse:	35.000 kg
Tankkapazität:	138.750 l
Frachtkapazität:	130,7 m³
Höchstgeschwindigkeit:	965 km/h
max. Reisegeschwindigkeit:	956 km/h
Landegeschwindigkeit:	265 km/h
Dienstgipfelhöhe:	12.000 m
Steigleistung:	750 m/min
Reichweite mit voller Nutzmasse:	9.970 km
Treibstoffverbrauch im Reiseflug:	10.450 l/h
Erstflug:	21. Juni 1972

Im Einsatz bei:
Airtours International, American Airlines, Biman Bangladesh Airlines, Continental Airlines, Garuda Indonesia, Hawaiian Air, Japan Airlines, Northwest Airlines, Omni Air International, United Airlines, Varig

Swiss hatte 20 MD-11 in ihrer Flotte

Als Nachfolgemuster für die DC-10 entwickelte McDonnell Douglas die MD-11. Der Prototyp startete am 10. Januar 1990 zu seinem Erstflug. Bereits nach elf Jahren und nur 200 gebauten Flugzeugen endete die Produktion. Heute wird die MD-11 vielfach zum Frachtflugzeug umgebaut und auf diesem Gebiet eingesetzt.

Bei der MD-11 handelt es sich um eine Weiterentwicklung der DC-10. Die wichtigsten Unterschiede betreffen die Aerodynamik, Avionik, Kabinengestaltung und Triebwerke.

Gegenüber der DC-10-30 wurde der Rumpf der MD-11 um 5,66 m verlängert, wodurch 44 zusätzliche Passagiere Platz fanden.

Die Spannweite der Tragflächen verlängerten die Konstrukteure um 1,26 m. Die Tragflächenspitzen erhielten 2,67 m hohe Winglets und im Höhenleitwerk wurde ein zusätzlicher Tank eingebaut. Dieser Tank diente nicht nur der Erhöhung der Treibstoffmenge, sondern wird auch als Trimmtank genutzt. Das heißt, daß durch den darin enthaltenen Treibstoff die Schwerpunktlage des Flugzeugs im Flug optimiert werden kann. Das Tanksystem ist weitgehend mit dem der DC-10-30 identisch und hat ein Fassungsvermögen von 146.500 Liter.

Der Frachtraum wurde um 30 Prozent vergrößert, so daß insgesamt eine Nutzmasse von rund 20.000 kg geladen werden kann. Dies entspricht 32 LD-3-Containern.

Neues Zweimann-Cockpit

Das Cockpit wurde für zwei Piloten ausgelegt und die konventionellen Instrumente durch sechs Flüssigkeitskristallbildschirme ersetzt. Diese Modernisierung führte zu einer deutlichen Entlastung der Piloten bei den Routinearbeiten. Bei dem sogenannten „dunklen Cockpit" sind während des Fluges alle Warnlampen gelöscht. Sollte ein Defekt auftreten, leuchtet nur die entsprechende Anzeige auf, so daß der Piloten sofort erkennen kann, wo das Problem liegt.

Das Digital Flight Control System wurde um eine automatische Triebwerksregelung und ein zusätzliches Längenstabilisierungssystem erweitert. Beim automatischen Allwetter-Landesystem der Kategorie IIIB wird nun auch das Ausrollen auf der Piste überwacht. Das für die Navigation zuständige Flight Management System ermöglicht die Eingabe aller für den Flug notwendigen Navigationsdaten und Funkfrequenzen.

Drei Triebwerke standen zur Auswahl: das General Electric CF6-80C2, das Pratt & Whitney PW4360 und das Rolls-Royce RB 211-524D4D. Die Triebwerksaufhängungen wurden neu gestaltet. Auf der Luftfahrtschau 1985 in Le Bourget gab MDD die ersten Details bekannt. Erstbesteller war British Caledonian Airways, die am 3. Dezember 1986 neun MD-11 bestellte, in der Zwischenzeit den Betrieb jedoch einstellte und die MD-11 nicht übernehmen konnte.

Die Entscheidung zum Bau der MD-11 fiel am 30. Dezember 1986. Mit der Produktion des ersten Prototyps wurde am 9. März 1988 in Long Beach begonnen. Die

World Airways fliegt regelmäßig den Rhein-Main Flughafen in Frankfurt an

Eine Boeing (MDD) MD-11 der Varig aus Brasilien im Landeanflug

MD-11 wurde größtenteils auf den vorhandenen Bauvorrichtungen der DC-10 gefertigt. Bei Baubeginn lagen bereits 52 feste Bestellungen und 40 Optionen von zwölf Fluggesellschaften vor. Der Prototyp mit der Zulassung N111MD hob mit zehn Monaten Verspätung am 10. Januar 1990 zu seinem Erstflug ab. An der Flugerprobung beteiligten sich noch weitere vier Versuchsmuster. Die FAA erteilte die Musterzulassung am 8. November 1990.

Übergabe des ersten Flugzeugs

Am 29. November 1990 konnte die erste MD-11 an Finnair übergeben werden. Sie ging am 1. Dezember 1990 in den Liniendienst.

Da die Triebwerke mehr Treibstoff verbrauchten als geplant und der Luftwiderstand der Maschine ebenfalls zu groß war, lag die Reichweite um rund 1.000 km unter den errechneten Werten. Singapore Airlines stornierte daraufhin einen Auftrag über 20 Flugzeuge und bestellte die A340-300.

1995 wurde ein „performance-improvement programme" gestartet. Bei diesem Programm konnte durch Anbringen aerodynamischer Verfeinerungen an verschiedenen Stellen die Reichweite vergrößert werden. Eine hohe Wirtschaftlichkeit konnte trotz aller Verbesserungen nicht erreicht werden. Die meisten Fluggesellschaften verkauften daher ihre MD-11 wieder. Sie werden zu MD-11F umgebaut und finden ein neues Einsatzgebiet bei den Frachtfluggesellschaften.

Neben der MD-11 wurden die Passagier-/Frachtvariante MD-11 Combi, der Frachter MD-11F und die MD-11CF gebaut.

Die MD-11 Combi ist auf der linken Heckseite mit einem Frachttor ausgerüstet. Sie kann in einer typischen Zweiklassenversion 214 Passagiere und bis zu zehn Paletten mit einem Gewicht von 40.825 kg befördern.

Die MD-11F kann bis zu 102.000 kg Nutzlast befördern. Federal Express bestellte 22 werksneue MD-11F. Außerdem läßt Federal Express eine große Anzahl von Passagierflugzeugen zu MD-11F umbauen, darunter auch die 20 MD-11 der Swissair, die zwischen August 2002 und Dezember 2006 übernommen werden. Dadurch erhöht sich die MD-11F Flotte von Federal Express auf 60 Flugzeuge.

Die MD-11CF mit einem 3,56 m x 2,29 m großen Frachttor kann je nach Bedarf als Passagier- oder Frachtflugzeug eingesetzt werden. Der Startschuß zum Bau dieser Version erfolgte nach einer Bestellung von Martinair. Die maximale Fracht liegt bei 89.560 kg.

Ab 1994 wurde für extreme Reichweiten noch die MD-11ER mit einer Reichweite 14.280 km angeboten. Die Reichweitensteigerung von 890 km wurde durch den Einbau eines Zusatztanks mit einem Fassungsvermögen von 11.583 Liter in einem der unteren Fracträume ermöglicht. Sie kann 277 Passagiere befördern. World Airways übernahm die erste Maschine am 11. März 1996.

Die Produktion endete nach 200 gebauten MD-11 am 23. Februar 2001 mit der Übergabe der letzten Maschine, einer MD-11F, an Lufthansa Cargo.

BOEING (MDD) MD-11

Hersteller:	The Boeing Company Douglas Products Division, USA
Verwendung:	Langstrecken-Verkehrsflugzeug für 285 bis 410 Passagiere
Besatzung:	Zwei Piloten und 12 bis 16 Flugbegleiter
Triebwerk:	Drei Mantelstromtriebwerke General Electric CF6-80C2-D1F mit je 273,57 kN (27.896 kp) oder Pratt & Whitney PW4460 mit je 266,9 kN (27.215 kp) oder Rolls-Royce Trent RB211-524D4D mit je 289 kN (29.483 kp) Standschub

Abmessungen und Leistungen:

Spannweite:	51,77 m
Länge:	61,37 m
Höhe:	17,60 m
Rumpfweite:	6,02 m
Flügelfläche:	338,80 m^2
Pfeilung:	35 Grad
Flächenbelastung:	836,2 kg/m^2
Rüstmasse:	130.300 kg
max. Startmasse:	283.494 kg
max. Landemasse:	195.045 kg
max. Nutzmasse:	55.100 kg
max. Nutzmasse als Combi:	68.447 kg
Tankkapazität:	146.312 l
Höchstgeschwindigkeit:	962 km/h
Reisegeschwindigkeit:	876 km/h
Landegeschwindigkeit:	260 km/h
Dienstgipfelhöhe:	12.000 m
Steiggeschwindigkeit:	14,7 m/Sek
Reichweite mit voller Nutzmasse:	10.500 km
Treibstoffverbrauch im Reiseflug:	10.000 l/h
Erstflug:	10. Januar 1990

Im Einsatz bei:
Alltalia, American Airlines, China Eastern Airlines, Delta Air Lines, Eva Air, Finnair, Japan Airlines, KLM, Martinair, Thai Airways, Varig, World Airways

Ganz neu in der Flotte von Air Nostrum ist die Dash 8-300

Die Dash 8 entstand Anfang der 80er Jahre als Regionalverkehrsflugzeug für 30 bis 40 Fluggäste und konnte sich gut auf dem Markt durchsetzen. Heute werden noch zwei Versionen gebaut, die DHC 8-300 und -400.

In den siebziger Jahren befaßte sich de Havilland of Canada mit den Plänen für ein neues Flugzeug, das die Lücke zwischen der DHC-6 Twin Otter und der Dash-7 schließen sollte. Im Sommer 1978 erhielt das Projekt die Bezeichnung „Dash X", die dann 1980 in „Dash 8" geändert wurde. In der Basisversion war eine Kabineneinteilung für 36 Passagiere vorgesehen. Erstmals wurde einer der bisherigen Grundsätze von de Havilland of Canada aufgegeben und bei dem Entwurf auf gute STOL-Eigen-

schaften verzichtet. Besondere Beachtung legte man auf hohe Reisegeschwindigkeit, einen niedrigen Lärmpegel, hohe Wirtschaftlichkeit und eine komfortable Passagierkabine. Die Dash 8 ist unabhängig von Bodeneinrichtungen und kann Streckensektoren von 3 x 300 km ohne Nachtankung bedienen. Das Fahrwerk hat Doppelbereifung und es ist für den Einsatz auf Schotterpisten ausgelegt.

Erfolgreicher Erstflug

Der Prototyp mit der Zulassung C-GDNK hatte am 20. Juni 1983 seinen Erstflug. Zu diesem Zeitpunkt lagen für die Dash 8 bereits 50 Festbestellungen und 70 Optionen vor. Die Flugerprobung wurde mit fünf Flugzeugen durchgeführt und umfaßte 1.600 Flugstunden. Im September 1984 wurde die Musterzulassung erteilt. Die Dash 8-100 wurde in den Versionen -102 mit PW 120A (2000 WPS), -103 mit PW 121 (2150 WPS) und -100B mit PW 121 (2150 PS) gebaut, wobei die 1992 eingeführte Dash 8Q-100B für 37-39 Fluggäste eingerichtet ist und eine höhere maximale Startmasse von 16.480 kg aufweist.

Als erste Fluggesellschaft stellte am 19. Dezember 1984 die kanadische Regionalgesellschaft NorOntair die Dash 8-100 in den Liniendienst. Die 50. Dash 8 erhielt Horizon Air am 3. Oktober 1986, dies war gleichzeitig das 7000. Flugzeug von de Havilland.

Anfang der achtziger Jahre kam die Dash-8-200 zur Auslieferung. Sie wurde von zwei Propellerturbinen Pratt & Whitney Canada PW123D mit je 2.150 WPS angetrieben und bietet 37-39 Passagieren Platz. Am 21. November 1997 war es wiederum Horizon Air, die eine Jubiläumsmaschine erhielt. Diesmal war es die 500. Dash-8, eine Dash 8Q-200.

Weitere Versionen entstehen

Im April 1986 fiel die Entscheidung zum Bau der gestreckten Version Dash 8-300. Sie verfügt über einen um 3,4 m verlängerten Rumpf und bietet 50 bis 56 Passagiere Platz. Die Spannweite wurde um 1,5 m vergrößert und die Abflugmasse stieg auf 18.642 kg. Als Folge des höheren Startgewichtes mußte ein verstärktes Fahr-

Das Vorführflugzeug der Bombardier (DHC) Dash 8-400 in den Werksfarben

werk eingebaut werden. Triebwerksseitig erhielt die Dash 8-300 zwei Propellerturbinen Pratt & Whitney Canada PW123B mit einer Startleistung von je 2.500 WPS, die zwei Hamilton Standard 14SF-23 Vierblatt-Propeller antreiben.

Die Reisegeschwindigkeit konnte auf 528 km/h gesteigert werden. Weitere Änderungen umfassen die doppelt ausgelegte ECS-Klimaanlage, eine Turbomach T-40 Hilfsturbine und eine Servicetür an der rechten Seite. Die Avionik besteht aus einem Honeywell SPZ-8000 Zwei-Kanal Digital AFCS, einem Primus 800 Wetter Radar und einem Bendix/King Gold Crown III Navigations- und Kommunikations-System.

Die Fluggastkabine hat eine Länge von 12,6 m, ist 2,49 m breit und 1,95 m hoch. Die vier Sitze je Reihe sind durch einen Mittelgang getrennt. Die beiden in den Tragflügel integrierten Tanks fassen 3.160 Liter.

Als Musterflugzeug für die Serie 300 wurde der Prototyp der Dash 8 verwendet, der nach dem Umbau am 15. Mai 1987 zum erstenmal abhob. Die Dash 8-300 benötigt eine Startbahnlänge von rund 1.500 m.

Das erste Serienflugzeug der Dash 8-300 ging im April 1988 in die Flugerprobung, und die Musterzulassung wurde im Februar 1989 erteilt. Erstkunde für die Dash 8-300 war Air Ontario, die im Februar 1989 die erste Maschine erhielt.

Dash 8-300 der Augsburg Airways über den Alpen

Das leise Modell

Anfang 1987 stellte de Havilland erste Überlegungen zu einer weiter gestreckten Version, der Serie 400, an und stellte diese auf der Luftfahrtschau 1995 in Paris vor. Diese erhielt vor und hinter den Tragflächen zusätzliche Rumpfsegmente mit je 3,58 m durch die die Maschine auf 32,84 m verlängert wurde.

Die Sitzkapazität steigerte sich auf 70–78 Plätze und die maximale Startmasse erhöhte sich auf 28.690 kg.

Als maximale Reisegeschwindigkeit werden 648 km/h erreicht. Das Tragflächenmittelstück wurde verstärkt und leistungsstärkere Triebwerke eingebaut. Der Abstand der Triebwerke zum Rumpf wurde auf jeder Seite um 20 cm vergrößert. Zur weiteren Lärmreduzierung kommen sechsblättrige Propeller von Dowty zum Einsatz. Die Passagierkabine verfügt über ein aktives Lärmunterdrückungssystem, wodurch der Lärm auf 77 dB reduziert werden konnte.

Mit der Einführung der Dash 8Q-400 kann Bombardier den gesamten Zubringermarkt abdecken. Der Erstflug erfolgte am 31. Januar 1998 und die Auslieferungen begannen im Januar 2000. Erstbesteller für die Dash 8Q-400 war Great China Airlines, die sechs Flugzeuge bestellte und auf sechs eine Option nahm. Der größte Betreiber ist SAS, die 28 Flugzeuge bestellt hat. Der Zusatzbuchstabe „Q" steht für „Quiet" (leise). 79 Dash 8Q-400 konnten bislang verkauft werden.

Im Frühjahr 2003 übernahm die russische Sakhalin Air Transport eine Dash-8. Dieses war das erste westliche Regionalverkehrsflugzeug, das in Rußland zugelassen wurde.

BOMBARDIER (DHC) DASH 8Q-400

Hersteller:	Bombardier (de Havilland) Kanada
Verwendung:	Regionalverkehrsflugzeug für 70 bis 78 Passagiere
Besatzung:	Zwei Piloten und zwei Flugbegleiter
Triebwerke:	Zwei Propellerturbinen Pratt & Whitney Canada PW150A mit je 3760 kW (5071 WPS) Startleistung. Dowty 6-Blatt-Luftschrauben mit Bremsverstellung

Abmessungen und Leistungen:

Spannweite:	28,42 m
Länge:	32,80 m
Höhe:	8,34 m
Flügelfläche:	63,1 m²
Rumpfdurchmesser:	2,69 m
max. Startmasse:	28.690 kg
max. Landemasse:	27.443 kg
Rüstmasse:	16.537 kg
max. Nutzmasse:	8.524 kg
Tankkapazität:	6.707 Liter
max. Reisegeschwindigkeit:	648 km/h
Dienstgipfelhöhe:	8.230 m
Steigleistung:	10,5 m/Sek
Steigleistung einmotorig:	3,4 m/Sek
Reichweite mit 70 Passagieren und maximaler Treibstoffzuladung:	2401 km
Reichweite mit maximaler Nutzlast:	1710 km
Erstflug:	31. Januar 1998

Im Einsatz bei:
Air Canada Regional, Air Nostrum, Allegheny Airlines, Augsburg Airways, British European, Brymon Airways, Horizon Air, Mesa Airlines, Piedmont Airlines, SAS Scandinavian Commuter, Uni Air, Widerøe

Bombardier (Canadair) Regional Jet

Der 50ste CRJ von Lufthansa CityLine, die D-ACJH, wurde mit den Wahrzeichen europäischer Großstädte bemalt

Das Regionalverkehrsflugzeug CRJ 100 wurde aus dem Geschäftsreiseflugzeug Challenger entwickelt. Zur Zeit stehen vier Versionen zur Auswahl. Von allen Varianten zusammen wurden bis heute über 2200 Maschinen bestellt.

Der Canadair Regional Jet (CRJ) basiert auf dem Geschäftsreiseflugzeug Challenger 601-3A. Mit der Entwicklung des Regional Jet wurde im Herbst 1986 begonnen und im Juni 1988 konnte man das Ergebnis vorstellen.

Die Entscheidung für den Serienbau fiel am 31. März 1989. Der Rumpf der Challenger wurde um 3,25 m vor und 2,84 m hinter dem Flügel verlängert, außerdem wurde die Spannweite um 1,83 m vergrößert, was eine Steigerung der Flügelfläche

um 15 Prozent ergab. Als Antrieb kamen zwei Mantelstromtriebwerke General Electric CF34-3A1 mit je 38,84 kN (3959 kp) Startleistung zum Einbau.

Da die Anforderungen im Liniendienst anderen Bedingungen unterliegen als im Geschäftsreiseverkehr mußten noch weitere Modifikationen, die die Sicherheit und Festigkeit betrafen durchgeführt werden. So wurde die Zelle im Bereich des Tragflügels, die tragende Außenhaut und das Fahrwerk verstärkt. Das Gewicht des Regional Jet erhöhte sich gegenüber der Challenger um rund zwei Tonnen.

Im Linieneinsatz

Der Canadair Regional Jet 100 ist für Strecken über 750 km Länge ausgelegt, auf denen mit Propellerturbinen angetriebene

Verkehrsflugzeuge erheblich längere Flugzeiten aufweisen. Ein weiterer Einsatzbereich sind schwach ausgelastete Strecken bis 2.000 km Länge, auf denen größere strahlgetriebene Verkehrsflugzeuge nicht wirtschaftlich fliegen.

Der Roll-out erfolgte am 6. Mai 1991. Vier Tage später, am 10. Mai 1991 nahm der erste Prototyp die Flugerprobung in Montréal auf. Der Erstflug dauerte 1 Stunde und 30 Minuten. Transport of Canada erteilte die Musterzulassung am 31. Juli 1992 und die amerikanische FAA und die europäische JAA am 15. Januar 1993.

Das Basismuster führt die Bezeichnung Canadair Regional Jet 100 oder CRJ 100. Eine Weiterentwicklung mit größerer Reichweite, die durch einen zusätzlichen Flügelwurzeltank erreicht wird, heißt Canadair Regional Jet 100ER (Extended Range). Seit 1994 wird die Ausführung Canadair Regional Jet 100LR (Long Range) mit einem auf 23.995 kg angehobenen Abfluggewicht und einer Reichweite von 3.500 km angeboten.

Erstkunde für den CRJ war DLT, die den Canadair Regional Jet 100ER bestellte. Die Flugzeuge wurden ab dem 19. Oktober 1992 in den Farben von Lufthansa Cityline ausgeliefert. Die Indienststellung erfolgte am 2. November 1992 auf der Strecke Köln–Stockholm. Den 200. gebauten Regional Jet erhielt die Lufthansa am 24. Oktober 1997.

Bombardier (Canadair) CRJ700 von Brit Air mit Air France Bemalung

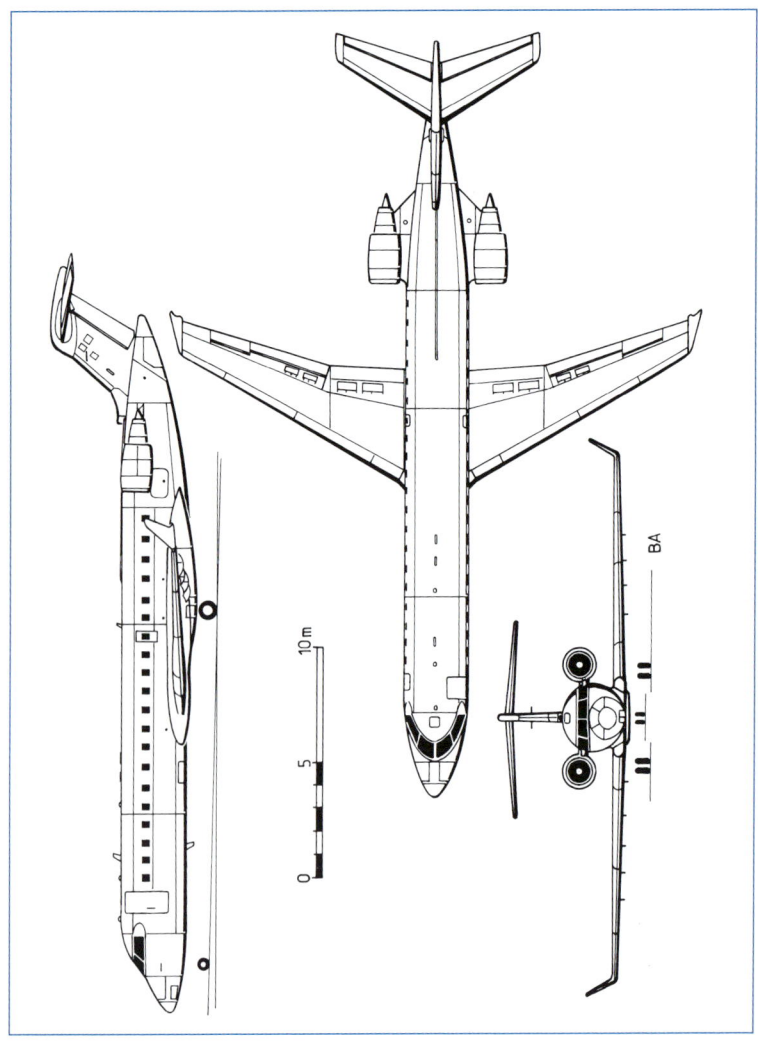

BA

10 m

5

0

Der 25. Canadair Regional Jet der Lufthansa Cityline nach der Sonderbemalung am 29. August 1996 bei der Lufthansa Technik in Hamburg

Technische Beschreibung

Beim Canadair Regional Jet 100 handelt es sich um einen Ganzmetall-Tiefdecker mit kreisrundem Rumpfquerschnitt von 2,69 m Durchmesser und einem T-Leitwerk. Die Tragflächen sind aus einem Teil gefertigt und beinhalten zwei Tanks für 5.300 Liter Treibstoff. Zusätzlich wurden sie mit Winglets ausgerüstet.

Die Zelle ist für eine Lebensdauer von 80.000 Flugstunden oder 60.000 Landungen ausgelegt. Der Regional Jet ist für Landungen nach der Kategorie II zugelassen, und er kommt je nach Version mit einer Startbahnlänge von 1.550 m bis 1.920 Meter aus. Die Passagierkabine hat eine Länge von 14,76 m, eine Breite von 2,57 m, und eine Höhe von 1,87 m. Sie bietet in der Standardausführung 50 Passagieren bei einem Sitzabstand von 79 cm Platz. Die Sitzreihen weisen jeweils vier Sitzplätze auf, die durch einen Mittelgang getrennt werden. Der Regional Jet verfügt über eine bordeigene Passagiertreppe, was ihn weitgehend von der Bodenausrüstung der Flughäfen unabhängig macht.

Bei den beiden Mantelstromtriebwerke General Electric CF34-3A1 handelt es sich um die Zivilversion des militärischen TF34 Triebwerks. Sie entsprechen den heutigen Lärmvorschriften bzw. übertreffen diese, sind treibstoffsparend und wartungsfreundlich. Die Enteisung des Tragflügels sowie der Triebwerkeinlässe erfolgt thermisch mit Heißluft aus den Triebwerken.

Der CRJ 200 wird seit 1995 angeboten. Er wird von leistungsstärkeren General Electric CF34-3B1 angetrieben. Die Abflugmasse beträgt 23.995 kg und die Reichweite liegt bei 3.500 km. Die erste Maschine wurde am 15. Januar 1996 an Tyrolean Airways ausgeliefert.

Neue Modelle

Neueste Ausführung ist die CRJ 440 für 44 Passagiere. Die ersten Flugzeuge gingen ab Herbst 2002 an Northwest Airlines. Von der RJ100/200/440 bestellten 25 Fluglinien über 940 Einheiten.

Seit dem 21. Januar 1997 steht der Canadair Regional Jet 700 in der Entwicklung. Er ist für 70 Fluggäste ausgelegt und wird von zwei Mantelstromtriebwerken General Electric CF34-8C1 angetrieben. Die Reichweite dieser Version liegt bei 3.760 km. Die Spannweite erhöht sich auf 23,01 m und die Länge auf 32,41 m. Durch das erhöhte Abfluggewicht wurde ein verstärktes Fahrwerk notwendig. Erstkunden für die CRJ 700 sind Brit Air mit zwei und American Eagle mit 25 Flugzeugen.

Der Erstflug erfolgte am 27. Mai 1999 in Montreal und dauerte 2 Stunden und 8 Minuten. Testpilot war Craig Tylski. Die Flugerprobung mit fünf Maschinen wurde im Flugtestcenter von Bombardier in Wichita durchgeführt. Dort absolvierte die Maschine bis zur Musterzulassung im Herbst 2000 durch Transport Canada, die

Bombardier (Canadair) CRJ100ER in den Farben von Air Canada

amerikanische FAA und die europäische JAA über 1.500 Flugstunden.

Bis jetzt letzte und größte Version ist die CRJ 900. Das Flugzeug bietet 90 Passagieren Platz. Die Entwicklung der CRJ 900 begann am 24. Juli 2000.

Der Rumpf wurde durch das Einsetzen eines 2,29 m langen Segments vor und eines 1,57 m langen Segments hinter der Tragfläche auf 36,37 m verlängert. Die Kabinenbreite beträgt 2,57 m und die Höhe 1,89 m. Bei der Normalversion liegt die Abflugmasse bei 36.996 kg und bei der ER-Version bei 37.421 kg. Über den Tragflächen wurde ein zusätzlicher Notausstieg eingebaut und im vorderen Rumpf eine weitere Gepäcktür. Das Cockpit erhielt sechs elektronische Bildschirmanzeigeinstrumente. Neu sind auch die Triebwerke. Es kommen nun zwei CF34-8C5 mit je 63,3 kN Leistung zum Einbau.

Neben der Basisausführung CRJ 900 werden auch die CRJ 900ER und die CRJ 900LR mit erhöhter Reichweite angeboten. Der Erstflug der Prototyps, der durch den Umbau einer CRJ 700 entstand, erfolgte am 21. Februar 2001, der der ersten Serienmaschine am 20. Oktober 2001.

Nach 895 Erprobungsstunden wurde die Zulassung der kanadischen Behörden am 13. September 2002 erteilt, die der FAA am 6. November 2002. Erstkunde war die Mesa Air Group, die die Maschine mit der Kennung N902FJ am 03. Februar 2003 übernahm und in den Farben von America West Express betreibt. Am 9. Dezember 2003 lieferte Bombardier die 1000. CRJ, eine CRJ 700 an Comair aus.

Bombardier konnte bis heute 1.289 Festbestellungen von 37 Kunden verbuchen.

BOMBARDIER (CANADAIR) CRJ 100

Hersteller:	Bombardier (Canadair) Kanada
Verwendung:	Regionalverkehrsflugzeug für 50 Passagiere
Besatzung:	Zwei Piloten und ein Flugbegleiter
Triebwerke:	Zwei Mantelstromtriebwerke General Electric CF34-3A1 mit je 38,84 kN (3959 kp) Startleistung

Abmessungen und Leistungen:

Spannweite:	21,21 m
Länge:	26,77 m
Höhe:	6,22 m
Rumpfdurchmesser:	2,69 m
Flügelfläche:	48,35 m²
Pfeilung:	25 Grad
Flächenbelastung:	443,6 kg/m²
Leermasse:	13.236 kg
max. Startmasse:	21.523 kg
max. Landemasse:	20.185 kg
max. Nutzmasse:	5489 kg
max. Reisegeschwindigkeit:	851 km/h
Langstreckenreisegeschwindigkeit:	786 km/h
Landegeschwindigkeit:	225 km/h
Dienstgipfelhöhe:	12.496 m
Anfangssteiggeschwindigkeit:	17,8 m/sek.
Steigzeit auf 10.670 m Höhe:	23 min
Reichweite mit max. Nutzmasse:	1.566 km
max. Reichweite:	2.628 km
Tankkapazität:	5.300 Liter
Treibstoffverbrauch im Reiseflug:	1.300 l/h
Erstflug:	10. Mai 1991

Im Einsatz bei:

Air Canada, American Eagle, Atlantic Coast Airlines, Atlantic Southeast Airlines, Brit Air, Comair Airlines, Eurowings, Express Airlines, Lufthansa CityLine, Mesa Airlines, Midway Airlines, Skywest Airlines

BAE Systems Avro RJ85 in den Farben von Uzbekistan Airlines beim Start zu einem Abnahmeflug

Für den Einsatz auf lärmsensiblen Flughäfen entwickelte Hawker Siddeley dieses Flugzeug. Die Basisversion, die BAe 146, absolvierte am 3. September 1981 ihren Erstflug. Es entstand daraus eine ganze Flugzeugfamilie. Im Jahr 2003 stellte BAe die Produktion des Flugzeugs ein.

Hawker Siddeley kündigte am 29. August 1973 die Entwicklung eines neuen Kurzstreckenflugzeuges, der Hawker Siddeley HS 146, an. Als erste Version war die HS 146-100 geplant, die in der Standardausführung 71 Passagieren Platz bieten sollte. Großen Wert legte man auf die Fähigkeit, von Startbahnen mit 1.000 m Länge starten zu können und einen besonders niedrigen Geräuschpegel zu erreichen, damit der Anflug von lärmsensiblen Flughäfen, wo größere und lautere Muster keine Zulassung erhielten, genehmigt wird. Als Antrieb fiel die Wahl auf das Avco Lycoming ALF 502 Triebwerk. Aufgrund seiner schwachen Leistung mußten allerdings vier Triebwerke eingebaut werden. Als im Herbst 1974 die Ölkrise kam, verschlechterten sich die Absatzchancen für die vierstrahlige Maschine, was zur vorübergehenden Einstellung der Arbeiten führte.

Wiedergeburt als BAe 146

Hawker Siddeley ging am 29. April 1977 in der BAE Sytems Corporation auf und am 10. Juli 1978 wurde das Programm unter der Bezeichnung BAe 146 wieder aktiviert. Die BAe 146-100 wurde für 71 bis 93 Passagiere ausgelegt, während die BAe 146-200 in einem um 2,39 m verlängerten Rumpf 111 Passagiere aufnehmen konnte. Als Antrieb wählte man das Avco Lycoming ALF-502R-3 für die BAe 146-100 und das ALF-502R-5 für die BAe 146-200. Die BAe 146-100 hat bei einer Flugmasse von 38.100 kg eine Reichweite von 1.700 km und benötigt zum Start 1.200 m und für die Landung 1.100 m. Die BAe 146-200 benötigt bei einer Startmasse von 42.180 kg für den Start 1.500 m, für die Landung 1.150 m.

Der Flüsterer

Ein ganz besonderer Vorteil der BAe 146 ist die Tatsache, daß sie ein sehr leises Flugzeug ist und somit viele operative Einschränkungen, wie zum Beispiel Nachtflugverbote, umgehen kann.

Der Prototyp der BAe 146-100 (G-SSSH) hatte am 20. Mai 1981 seinen Roll-out und absolvierte am 3. September 1981 den Jungfernflug. Die BAe 146-200 flog erstmals am 1. August 1982. Die Flugerprobung verlief ohne nennenswerte Probleme und am 4. Februar 1983 erhielt die BAe 146 die britische Musterzulassung. Dan-Air London setzte ab dem 27. Mai 1983 die BAe 146-100 auf der Strecke London–Bern ein. Air Wisconsin erhielt die erste BAe 146-200 (N601AW) und nahm am 27. Juni 1983 den Liniendienst auf.

Neben der Passagierausführung bot BAe noch die Frachtversion BAe 146-200QT

Diese BAe Avro RJ 100 (G-BZAT) gehört zur Flotte von British Airways

(Quiet Trader) und ab 1989 die -300QT an. TNT hat 72 BAe 146-200/-300QT weltweit im Einsatz.

Im Jahr 1984 kündigte BAE Systems die BAe 146-300 für 105 bis 122 Passagiere an. Der Rumpf wurde nochmals um 2,4 m verlängert und die Tragflächen vergrößert. Der Mittelrumpf erhielt eine dickere Beplankung, die die Startmasse auf 44.500 kg erhöhte. Außerdem kamen leistungsfähigere Triebwerke zum Einbau. Als Prototyp für die BAe 146-300 diente der modifizierte Prototyp G-SSSH, an dem die strukturellen Verstärkungen und die aerodynamischen Anpassungen erprobt wurden. Er startete am 1. Mai 1987 zu seinem Erstflug. Die

Musterzulassung erfolgte am 6. September 1988. Wiederum war es Air Wisconsin, die die erste BAe 146-300 im Dezember 1988 in Dienst stellte.

Avro Regional Jet

Am 8. Juni 1992 stellte BAE Systems eine neue Regionaljet-Familie vor, die aus der BAe 146 hervorging. Dies waren die RJ70, die RJ85, die RJ100 sowie die RJ115. Sie unterschieden sich von der BAe 146 durch ein Cockpit mit elektronischen Bildschirmanzeigen, einem Kategorie-IIIA-Autolandesystem und die Verwendung der Allied Signal LF507-Triebwerke mit digitaler Regelung und niedrigeren

Diese BAe 146-200 ist für Albanian Airlines bestimmt

Triebwerkstemperaturen, was eine Verlängerung der Lebensdauer der Triebwerke bewirkt.

Die RJ85 startete am 23. März 1992 zum Jungfernflug, gefolgt von der RJ100 am 13. Mai 1992. Die RJ70 fliegt seit Herbst 1992. Die Mustermaschine entstand aus einer modifizierten BAe 146-100. Am 1. Oktober 1993 wurde die britische Musterzulassung und am 10. Juni 1994 die der amerikanischen FAA für alle Versionen erteilt. Die allerersten RJ, die zur Auslieferung gelangten, waren RJ85. Diese erhielt Crossair im März 1993. Erste Auslieferungen der RJ70 erfolgten im April 1994 an Business Air, die 20 RJ70 bestellte. Bei der RJ115 handelt es sich um eine RJ100 mit zwei zusätzlichen Notausstiegen in der Rumpfmitte. Dadurch können zusätzliche Passagiere befördert werden.

Neueste Version sollte die RJX-Reihe mit Honeywell AS977 Triebwerken und CRT-Cockpit werden. Diese Variante sollte auch deutlich wirtschaftlicher sein. Der Treibstoffverbrauch konnte um 15 Prozent reduziert, die Reichweite um 17 Prozent und die Steigleistung um 5 Prozent gesteigert werden. Es wurden drei Baureihen mit unterschiedlicher Rumpflänge geplant. Die RJX-85 absolvierte am 28. April 2001 ihren Erstflug, gefolgt von der RJX-100 am 23. September 2001.

Von allen Versionen der BAe 146 wurden 219 Flugzeuge ausgeliefert. Bis Ende 2001 lagen für die RJ70, RJ85 und RJ100 Bestellungen für 162 Flugzeuge von 15 Fluggesellschaften vor, von denen der größte Teil ausgeliefert ist. Für die RJX-Reihe lagen von British European zwölf und von Druk Air zwei Bestellungen vor, die aber, nachdem die Produktion 2003 eingestellt wurde, nicht mehr zur Auslieferung kamen.

BAE SYSTEMS AVRO RJ-85

Hersteller:	BAE Systems Großbritannien
Verwendung:	Regional-Verkehrsflugzeug für 80 bis 85 Passagiere
Besatzung:	Zwei Piloten und zwei bis vier Flugbegleiter
Triebwerke:	Vier Mantelstromtriebwerke Allied Signal LF507 mit reduzierter Leistung mit je 31,15 kN (3175 kp) Standschub

Abmessungen und Leistungen:

Spannweite:	26,34 m
Länge:	28,55 m
Höhe:	8,61m
Flügelfläche:	77,30 m²
Pfeilung:	15 Grad
Flächenbelastung:	545,72 kg/m²
Rumpfdurchmesser:	3,56 m
Rüstmasse:	24.378 kg
max. Startmasse:	42.184 kg
max. Landemasse:	36.740 kg
max. Nutzmasse:	11.457 kg
Tankkapazität:	11.728 l
max. Reisegeschwindigkeit:	780 km/h
Landegeschwindigkeit:	185 km/h
Dienstgipfelhöhe:	9150 m
Steigleistung:	1000 m/min
Reichweite mit voller Nutzmasse:	2127 km
Treibstoffverbrauch im Reiseflug:	2500 l/h
Erstflug:	23. März 1992

Im Einsatz bei:

Blue 1, Air Wisconsin Airlines, British European, China Northwest Airlines, Cityflyer Express, Swiss, Delta Air Transport, Eurowings, Lufthansa CityLine, Mesaba Airlines, National Jet Italia, TNT Airways

Der Prototyp der Jetstream 41 nach seinem Roll-out in Prestwick am 27. März 1991

Handley Page entwickelte das Regionalverkehrsflugzeug Jetstream, das später von BAE Systems weiterentwickelt wurde. Erfolgreichste Variante war die Jetstream 31 mit 355 Exemplaren. Die Produktion der letzten Version Jetstream 41, der Erstflug erfolgte am 25. September 1991, wurde nach 98 Flugzeugen eingestellt.

Die heutigen BAe Jetstream 31 und Jetstream 41 können auf eine fast 40 jährige Geschichte zurückblicken und beweisen damit, wie fortschrittlich der Entwurf von Handley Page aus dem Jahr 1965 war. Die Entwicklung der Jetstream begann im Oktober 1965 als HP.137. Geplant war ein Zubringerflugzeug für 18 Passagiere und ein Firmenflugzeug für 8 bis 10 Personen.

Der Prototyp der HP.137 flog erstmals am 18. August 1967. Als Antrieb dienten zwei französische Propellerturbinen Turbomeca ASTAZOU XII mit je 507 kW (690 WPS). Die Startmasse betrug damals 5.450 kg. Als die ersten Serienmaschinen im Frühjahr 1969 ausgeliefert wurden, lagen bereits 165 Bestellungen für die Jetstream vor. Gegenüber dem Prototypen verfügten die ersten Serienmaschinen über stärkere Propellerturbinen (ASTAZOU XIV mit je 581 kW) und die Startmasse hatte sich auf 5.670 kg erhöht. Als Handley Page am 27. Februar 1970 wegen des Konkurses die Fertigung einstellt, waren 37 Jetstreams ausgeliefert.

Neubeginn in Schottland

Scottish Aviation in Prestwick übernahm 1972 die Fertigung der HP.137 Jetstream.

Zunächst wurden jedoch nur die in den USA fliegenden HP.137 auf PT6A oder Garrett-TPE331-Propellerturbinen umgerüstet. 1977 übernahm BAe Scottish Aviation und damit auch die Produktionsrechte für die Jetstream. In der Zwischenzeit stieg die Nachfrage nach leichten Zubringerflugzeugen stark an. Am 4. Dezember 1978 wurde beschlossen, den Entwurf zu überarbeiten und die Fertigung wieder aufzunehmen. Die neue Typenbezeichnung lautete BAe Jetstream 31. Nach über zwanzig Jahren hat sich die Richtigkeit der Überlegungen von Handley Page bestätigt. Für die Erprobung wurde in den USA eine HP.137 erworben und modifiziert. Ein Teil der Modifizierung war die Umrüstung auf zwei Propellerturbinen Garrett-TPE 331-10 mit je 691 kW (940 WPS). Gegenüber der ursprünglichen Ausführung wurde die Startmasse erhöht und zahlreiche Detailverbesserungen durchgeführt, wie der Einsatz von nichtmetallischen Werkstoffen und der Einbau moderner Avionik. Am 28. März 1980 begann man mit der Flugerprobung und die neue Jetstream 31 startete zu ihrem Erstflug.

Die Jetstream 31 ist ein Ganzmetall-Tiefdecker, mit einem kreisrunden Rumpfquerschnitt von 1,95 m Durchmesser. Die Druckkabine ist 7,34 m lang, 1,85 m breit und 1,80 m hoch. Sie bietet Platz für 12 bis 19 Sitzplätze bei einer Anordnung von 3 Sitzen je Reihe mit einem Mittel-

Eine BAe Jetstream von Air Engiadina im Landeanflug

gang. Die Tankanlage besteht aus zwei Tanks im Flügel für total 1.725 Liter.

Nach zwei Jahren wurde im Juni 1982 die Musterzulassung erteilt und BAE Systems lieferte ab Januar 1983 die ersten Maschinen aus. Vier Jetstream 31 erhielt unter anderen Contactair in Stuttgart. Der eigentliche Durchbruch gelang jedoch in den USA von wo über achtzig Bestellungen eintrafen.

Bereits nach drei Jahren konnte im Juni 1986 die 100. Jetstream 31 abgeliefert werden. Insgesamt wurden 355 Jetstream 31 gebaut.

1987 wurde die Weiterentwicklung Jetstream Super 31 erstmals vorgestellt. Sie erhielt ihre Zulassung am 30. September 1988. Die Super 31 besitzt stärkere Triebwerke und bietet einen erhöhten Passagierkomfort. Trotz der um 400 kg angehobenen Startmasse werden auf Grund der neuen Triebwerke bessere Startleistungen erzielt. Auf hochgelegenen Flugplätzen und bei hohen Umgebungstemperaturen zeigte sich die Kraftreserve der Triebwerke deutlich.

Jetstream 41

Auf der Basis der überaus erfolgreichen Jetstream 31 entstand eine neue Version, die Jetstream 41, die über 29 Passagiersitze verfügt.

Gegenüber der Jetstream 31 wurde der Rumpf der Jetstream 41 um 4,88 m ver-

BAE Systems Jetstream v31 on Air BC rollt in Edmonton auf die Abstellposition

längert, die Spannweite der Tragflächen erhöhte sich um 2,4 m. Als Antrieb kommen zwei Propellerturbinen Garrett TPE311-14GR/HR mit je 1.230 kW Startleistung mit 5-Blatt-Propellern mit einem Durchmesser von 2,84 Meter zum Einbau. Damit ist die Jetstream 41 schneller, leiser und wirtschaftlicher. Der Tragflügel ist unter dem Rumpf angesetzt, damit der Rumpfquerschnitt ganz für die Passagierkabine ausgenutzt werden kann, im Gegensatz zur Jetstream 31 bei der der Flügelholm durch die Kabine geht. Die Kabine der Jetstream 41 ist weitgehend mit der Kabine der Jetstream 31 identisch. Sie ist ebenfalls mit drei Sitzplätzen je Reihe und einem Mittelgang ausgestattet. Der Eingang für die Passagiere befindet sich bei der Jetstream 41 vorne und verfügt über eine integrierte Treppe. Der Raum hinter dem Tragflügel wird als zusätzlicher Laderaum mit einem Volumen von 5,8 m³ genutzt. Überarbeitet wurde auch die Cockpitausstattung.

Der Tragflügel der Jetstream 41 wurde von Gulfstream Aerospace in den USA entworfen und dort auch gebaut. Bei Pilatus in der Schweiz entstanden alle Leitwerke der Serienmaschinen.

Der erste von drei Prototypen der Jetstream 41 war am 27. März 1991 fertiggestellt und absolvierte am 25. September 1991 seinen Erstflug. Der Start erfolgte vom Werksflughafen Prestwick. Der Liniendienst mit der Jetstream 41 wurde im Herbst 1992 aufgenommen. Die ersten beiden Jetstream 41 gingen am 25. November 1992 an die Regionalgesellschaften Manx und Loganair. Die Produktion wurde nach 98 Flugzeugen eingestellt. Die geplante Jetstream 51 wurde nicht mehr gebaut.

BAE SYSTEMS JETSTREAM 41

Hersteller:	BAE Systems Großbritannien
Verwendung:	Zubringer- und Regionalverkehrsflugzeug für 27 Passagiere
Besatzung:	Zwei Piloten und ein Flugbegleiter
Triebwerke:	Zwei Propellerturbinen Garrett TPE331-14 GR/HR mit je 1230 kW (1650 WPS) Startleistung mit 5-Blatt-Propellern mit 2,84 m Durchmesser

Abmessungen und Leistungen:

Spannweite:	18,29 m
Länge:	19,33 m
Höhe:	5,74 m
Flügelfläche:	32,59 m²
Rüstmasse:	6.990 kg
max. Startmasse:	11.385 kg
max. Landemasse:	10.115 kg
max. Nutzmasse:	2.800 kg
Tankkapazität:	3.125 Liter
Höchstgeschindigkeit:	547 km/h
max. Reisegeschwindigkeit:	475 km/h
Landegeschwindigkeit:	190 km/h
Dienstgipfelhöhe:	7.620 m
Steigleistung:	11,2 m/sek.
Reichweite:	1.192 km
Landerollstrecke:	1.280 m
Reichweite mit voller Nutzmasse:	1.100 km
Treibstoffverbrauch im Reiseflug:	500 l/h
Erstflug:	25. September 1991

Im Einsatz bei:
Atlantic Coast Airlines, Boston-Maine Airways, British Regional Airlines, CCAir, Chautauqua Airlines, Corporate Airlines, Eastern Airways, Flight West Airlines, Skyways Regional, Sunrise Airlines, Trans States Airlines, Transwest

Embraer EMB-120 Brasilia

Eine Embraer EMB-120RT eines Continental Commuters auf dem Flugplatz von Lake Charles

Die EMB-120 Brasilia ist eine Weiterentwicklung des Mehrzweckflugzeugs EMB-110 Bandeirante. DLT setzte in Deutschland vorübergehend auf Kurzstrecken die Brasilia ein. Inzwischen wurden alle Maschinen wieder verkauft.

Erster großer Erfolg im Bereich der zivilen Luftfahrt war für Embraer das Mehrzweckflugzeug EMB-110 Bandeirante, das für 19 Passagiere ausgelegt war. Die beiden Prototypen mit der Bezeichnung YC-95, von denen der erste seinen Jungfernflug am 22. Oktober 1968 absolvierte, gingen an die brasilianische Luftwaffe. Rund 500 Maschinen konnten weltweit verkauft werden. Mit den Erfahrungen, die Embraer beim Bau und Einsatz der Bandeirante sammeln konnte, machten sich

die Entwicklungsingenieure 1977 an die Planung der EMB-120 Brasilia.

Unbeabsichtigter Erstflug

Drei Prototypen kamen bei der Flugerprobung zum Einsatz und für statische Tests wurden zwei weitere Zellen gebaut. Der Erstflug des Prototyps mit der Zulassung PT-ZBA erfolgte, wenn auch unbeabsichtigt, am 27. Juli 1983 während mit der Maschine Rollversuche durchgeführt wurden. Als Antrieb kamen zwei Propellerturbinen Pratt & Whitney Canada PW115 mit je 1.102 kW (1.500 WPS) Startleistung zum Einbau. Die Startmasse betrug 9.600 kg.

Der zweite und dritte Prototyp flogen erstmals am 21. Dezember 1983 und am 9. Mai 1984. Die Flugerprobung der Brasilia dauerte knapp zwei Jahre und endete mit der Musterzulassung durch die brasilianische CTA am 16. Mai 1985. Die FAA erteilte die Zulassung am 9. Juli 1995.

Die Brasilia ist als Ganzmetall-Tiefdecker ausgelegt. Der Rumpf weist einen kreisrunden Querschnitt mit einem Durchmesser von 2,28 m auf. Sie ist mit einem T-Leitwerk und einem einziehbaren Bugradfahrwerk ausgerüstet und verfügt über eine Druckkabine und zwei Tanks im Flügel mit 3.300 Liter Inhalt. Die Passagierkabine ist 9,38 m lang, 2,10 m breit und 1,76 m hoch.

Die Ablieferungen an die Fluggesellschaften begannen im August 1985. Als erste Fluggesellschaft übernahm Atlantic Southeast Airlines aus Atlanta in den USA die Brasilia und stellte sie ab Oktober 1985 in den Liniendienst.

Die 100. Brasilia

Bereits am 29. Oktober 1988 konnte die 100. Maschine an Atlantic Southeast Airlines ausgeliefert werden. Comair, eine weitere Regionalfluggesellschaft aus den USA erhielt im August 1990 die 200. Brasilia, die gebaut wurde.

DLT in Deutschland bestellte am 12. April 1985 fünf EMB-120. Insgesamt wurden zwölf EMB-120 Brasilia in Dienst gestellt. Am 3. Februar 1986 kam die erste Brasilia (PT-SIH) auf der Strecke Frankfurt–Münster zum Einsatz. Allerdings handelte es sich dabei um eine von zwei von Embraer gemieteten Maschinen. Ihre erste eigene Brasilia (D-CEMA) erhielt DLT am 30. Oktober 1986. Es handelte sich dabei um die Version EMB-120RT. Diese Variante wird von zwei Propellerturbinen Pratt & Whitney Canada PW118A mit je 1.323 kW Startleis-

Ein weiterer Betreiber der EMB-120 in den USA ist Comair Airlines aus Cincinnati

tung angetrieben. Durch den Einsatz von Verbundwerkstoffen konnte auch die Leermasse um 390 kg reduziert werden, so daß dadurch eine Steigerung der Reichweite um 400 km erreicht wurde. Anfang der neunziger Jahre gab DLT alle Maschinen an andere Flugverkehrsgesellschaften ab.

Die Langstreckenversion EMB-120ER (Extended Range) wird seit dem Sommer 1991 angeboten. Die Startmasse wurde um 500 kg erhöht und die Reichweite konnte auf 1.650 km gesteigert werden. Die Innenausstattung der Kabine ist für 24, 26 oder 30 Passagiere in Dreierreihen mit versetztem Mittelgang ausgelegt. Für ältere Maschinen ist ein Nachrüstsatz erhältlich, so daß auch diese auf den Stand der EMB-120ER gebracht werden können.

Außerdem gibt es eine kombinierte Passagier-/Frachtversion für 24 oder 26 Passagiere und 900 kg Fracht. In der Ausführung als reines Frachtflugzeug können bis zu 4.000 kg zugeladen werden.

1994 wurde die erste Kombiversion EMB-120QC (Quick Change) ausgeliefert. Diese kann innerhalb kürzester Zeit vom Passagier- zum Frachtflugzeug umgerüstet werden. Die erste Ausführung als Firmenflugzeug wurde im September 1995 ausgeliefert.

Von 1994 bis 1996 konnte die Bauzeit für eine Brasilia von 14 Monaten auf acht Monate reduziert werden. Bis September 1999 lagen Embraer 353 Bestellungen für die EMB-120 Brasilia vor, die von 32 Fluggesellschaften in 14 Ländern betrieben werden.

In Europa stand die EMB-120 Brasilia bei Luxair Commuter im Einsatz

Embraer EMB-120 der Skywest im Anflug auf Los Angeles

EMBRAER EMB-120 BRASILIA

Hersteller:	Embraer, Brasilien
Verwendung:	Zubringer- und Regionalverkehrsflugzeug für 24 bis 29 Passagiere
Besatzung:	Zwei Piloten und ein Flugbegleiter
Triebwerke:	Zwei Propellerturbinen Pratt & Whitney Canada PW118A mit je 1323 kW (1800 WPS) Startleistung. 4-Blatt-Luftschrauben mit 3,2 m Durchmesser

Abmessungen und Leistungen:

Spannweite:	19,78 m
Länge:	20,00 m
Höhe:	6,35 m
Flügelfläche:	39,43 m²
Flächenbelastung:	304,30 kg/m²
Rüstmasse:	7200 kg
max. Startmasse:	11.990 kg
max. Landemasse:	11.250 kg
max. Nutzmasse:	7.200 kg
Tankkapazität:	3.300 Liter
Höchstgeschwindigkeit:	608 km/h
max. Reisegeschwindigkeit:	574 km/h
Landegeschwindigkeit:	190 km/h
Dienstgipfelhöhe:	9250 m
Steigleistung:	10,5 m/Sek
Steigleistung einmotorig:	3,4 m/Sek
Reichweite mit voller Nutzmasse:	1.400 km
Treibstoffverbrauch im Reiseflug:	600 l/h
Erstflug:	27. Juli 1983

Im Einsatz bei:
Atlantic Southeast Airlines, Base Airlines, Comair Airlines, Continental Express, Europe Air Charter, Great Lake Airlines, KLM exel, Nordeste, Regional, Rico Linhas Aéreas, Rio Sul, Skywest Airlines

Hohe Verfügbarkeit

Der Marktanteil in der Klasse der Flugzeuge mit 21 bis 40 Sitzplätzen betrug in den 90er Jahren ungefähr 24 Prozent. Stand April 1998 hat die gesamte Brasilia-Flotte rund 5.400.000 Flugstunden absolviert und dabei 6 Millionen Flugzyklen geleistet. Dabei wurde eine Verfügbarkeitsrate von über 98 Prozent erreicht. Die durchschnittliche tägliche Nutzung der EMB-120 beträgt 6,2 Stunden bei 7,16 Flugzyklen wobei ein Flug im Schnitt rund 0,87 Stunden dauert. Bei der Anzahl der Flugstunden führte zu diesem Zeitpunkt die Werknummer 120-008 mit 31.765 Stunden, bei den Flugzyklen hatte die Werknummer 120-039 mit 34.885 die Führung inne.

In den USA, wo die meisten EMB-120 fliegen, wird der Typ meist von Zubringergesellschaften eingesetzt, die kleinere Städte im ganzen Land an die großen Fluggesellschaften anbinden. So bietet einer der größten Brasilia-Betreiber, Skywest Airlines im Westen der USA täglich mehr als 600 Flüge innerhalb des United Express Systems an, das vor allem die United Airlines Zentren Los Angeles und San Fransisco mit dem kalifornischen Hinterland verbindet.

Die Embraer ERJ-135 (PT-ZJA) während eines Erprobungsfluges

Aus der ERJ-145 – für Regionalstrecken mit geringen Fluggastaufkommen entwickelt – entstand in der Zwischenzeit mit der ERJ-135 und 140 eine Familie von Regionalverkehrsflugzeugen die den Bereich von 37 bis 108 Passagiere abdecken und bei den Fluggesellschaften auf großes Interesse stoßen.

Im Sommer 1989 begannen bei Embraer die Planungen an der EMB-145. Beim ersten Entwurf waren die Triebwerke auf den Tragflächen montiert. Eine zweite Variante sah eine mit 22,5 Grad gepfeilte Tragfläche mit Winglets und unter den Tragflächen angeordnete Triebwerke vor. Nach einer grundlegenden Überarbeitung des Entwurfs im Dezember 1991 wurden die Triebwerke ans Heck verlegt. In diesem Zusammenhang wurden auch die Tragflächen komplett neu konstruiert und konnten aerodynamisch besser gestaltet werden. Durch die Verlegung der Triebwerke ans Heck konnte ein kürzeres Fahrwerk eingebaut werden, wodurch das Flugzeug bei der Abfertigung auf kleineren Flugplätzen von aufwendigen Bodengeräten unabhängig wurde.

Die Grundkonstruktion des Rumpfs sowie einige andere Elemente sind von der EMB-120 Brasilia übernommen worden, was eine kostengünstige Entwicklung und Fertigung gewährleistet. Der Rumpf wurde gegenüber der Brasilia um sieben Meter verlängert und bietet 50 Passagieren Platz. Bei der restlichen Konstruktion handelt es sich um einen völlig neuen Entwurf. Als Antrieb kommen zwei neuentwickelte

Mantelstromtriebwerke General Motors-Allison GMA 3007 zum Einbau.

Die Embraer ERJ-145 wird vor allem auf längeren Strecken mit geringerem Fluggastaufkommen eingesetzt um hier schnellere und komfortablere Flugbedingungen anbieten zu können. Um den Aspekt des Regionaljets schon im Namen zu verdeutlichen, wurde die EMB-145 1997 in ERJ-145 (Embraer Regional Jet) umbenannt.

Erfolgreiche Flugerprobung

Der erste Prototyp (c/n 801) startete am 11. August 1995 zu seinem Erstflug. Captain Gilberto Pedrosa Schittini und seine Crew hoben um 10.20 Uhr Ortszeit vom Flugplatz São José dos Campos ab und erreichten während des zwei Stunden 20 Minuten langen Fluges eine Höhe von 7.620 m und eine maximale Geschwindigkeit von 700 km/h. Dabei arbeiteten alle Systeme einwandfrei. Zwei weitere Prototypen (c/n 802 und 803) werden für Ermüdungs- und Bruchversuche eingesetzt. Es folgten drei Vorserienmaschinen (c/n 001–003), von denen die erste am 17. November 1995 flog. Die gesamte Flugerprobung umfaßte 1.300 Flugstunden und dauerte 14 Monate. Dabei stellte sich heraus, daß die meisten der errechneten Leistungsdaten nicht nur erreicht sondern sogar übertroffen wurden. Am 29. November 1996 wurde die brasilianische und am 16. Dezember 1996 die amerikanische FAA-Zulassung erteilt.

Der dritte Prototyp der ERJ-135 (PT-ZJC) hebt von der Startbahn ab

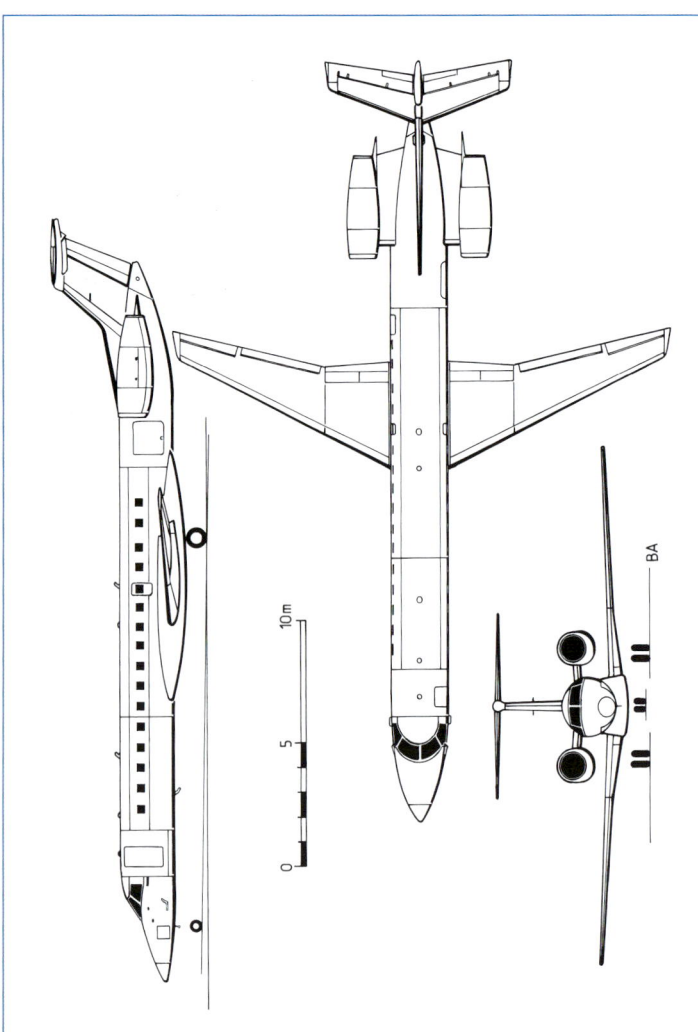

10 m

5

0

BA

Die ersten beiden Serienmaschinen gingen am 18. Dezember 1996 an den größten Kunden, die amerikanische Continental Express, bei der sie am 6. April 1997 ihren ersten Linienflug absolvierten.

Neben der ERJ-145 baut Embraer noch drei weitere Versionen, die EMB-145ER und die EMB-145LR. Die EMB-145LR nahm die Erprobung im April 1998 auf. Die Auslieferung der beiden Muster begann noch im gleichen Jahr. Beide verfügen über eine größere Reichweite, eine größere Tankkapazität und einen größeren Gepäckraum. Bei der EMB-145ER kommt das neue Rolls-Royce Allison AE-3007A und bei der EMB-145LR das AE-3007A1 zum Einbau. Neuste Ausführung ist die EMB-145XR, die erstmals am 29. Juni 2001 flog. Da die Treibstoffkapazität um 800 kg erhöht wurde, verfügt sie über eine Reichweite von 3.775 km. Das Abfluggewicht liegt bei 24.000 kg. Dadurch mußte auch der Rumpf verstärkt werden. Außerdem baute Embraer an den Flügelspitzen Winglets an. Angetrieben wird die EMB-145XR von zwei AE1007-A1E mit 41,20 kN (4041 kp) Schub.

Weitere Varianten

Aus der ERJ-145 entwickelte Embraer die ERJ-135, deren Rumpf um 3,5 m gekürzt wurde und die für 36 Passagiere ausgelegt ist. Angekündigt wurde die ERJ-135 am 16. September 1997. Der Roll-out des Prototypen erfolgte am 12. Mai 1998. Dieser entstand durch dem Umbau der ersten ERJ-145. Am 4. Juli 1998 konnte die Maschine dann zu ihrem Jungfernflug starten. Geflogen wurde die ERJ-135 von Luiz Alberto Madureira da Silva und Clodoaldo Gualda

EMBRAER ERJ-145 in Koguty Lowickie-Farben von British Airways. Halter des Flugzeugs ist British Regional Airways

Morena. Die ERJ-135 wird in zwei Versionen angeboten, der Basisausführung ERJ-135ER und der ERJ-135LR, die mehr Treibstoff mitführen kann und eine Reichweite von 2.930 km hat.

Auf Anregung von American Eagle wurde die ERJ-140 entwickelt, die in ihrer Kapazität mit 44 Passagieren zwischen der ERJ-135 und der ERJ-145 liegt. Gegenüber der ERJ-135 wurde der Rumpf vor den Tragflächen um 1,76 m und hinter den Tragflächen um 1,21 m verlängert. Der Entwicklungsstart wurde am 30. September 1999 bekanntgegeben und bereits am 27. Juni 2000 startete der Prototyp mit der Zulassung PT-ZJA in Sao José dos Campos zu seinem Erstflug. Die Besatzung bestand aus drei Mann, den beiden Piloten Daniel Chun und Paulo César Remiao sowie dem Flugingenieur Roberto Becker. Die Zulassung wurde im Februar 2001 erteilt.

Nach den Vorstellungen von Embraer entsteht eine ganze Familie von Regionalairlinern. Dazu gehören noch die ERJ-170 mit 70 Plätzen (Erstflug am 19. Februar 2002 mit dem Kennzeichen PP-XJE), die ERJ-175 mit bis zu 86 Passagiere und die ERJ-190, die für 98 bis 108 Fluggäste ausgelegt ist. Die ERJ-170 erhielt im Dezember 2003 eine vorläufige Verkehrszulassung. Die entgültige Zulassung soll im Februar 2004 folgte. Bisher liegen 245 Festbestellungen und 308 Optionen für die ERJ-170/190 vor.

Bei der ERJ-145 handelt es sich um einen Ganzmetall-Tiefdecker in konventioneller Bauweise. Der Rumpf hat einen kreisrunden Querschnitt mit einem Durch-

Die ERJ-145 von Rheintalflug mit Team Lufthansa-Bemalung

Regional Airlines aus Frankreich hat zehn ERJ-145 bestellt

EMBRAER ERJ-145

Hersteller:	Embraer, Brasilien
Verwendung:	Regionalverkehrsflugzeug für 45 bis 50 Passagiere
Besatzung:	Zwei Piloten und ein bis zwei Flugbegleiter
Triebwerke:	Zwei Mantelstromtriebwerke Rolls-Royce Allison AE-3007A mit je 31,3 kN (3193 kp) Standschub

Abmessungen und Leistungen:

Spannweite:	20,04 m
Länge:	29,87 m
Höhe:	6,71 m
Flügelfläche:	51,18 m²
Pfeilung:	22,5 Grad
Flächenbelastung:	393,6 kg/m²
Rüstmasse:	11.585 kg
max. Startmasse:	19.200 kg
max. Landemasse:	18.000 kg
max. Nutzmasse:	5515 kg
Tankkapazität:	5625 Liter
max. Reisegeschwindigkeit:	811 km/h
Landegeschwindigkeit:	220 km/h
Dienstgipfelhöhe:	11.270 m
Steigleistung:	800 m/min
Reichweite mit voller Nutzmasse:	1600 km
Treibstoffverbrauch im Reiseflug:	1200 l/h
Erstflug:	11. August 1995

Im Einsatz bei:

Alitalia Express, American Eagle Airlines, BMI Commuter, British Regional Airlines, Chautauqua Airlines, Continental Express, Mesa Airlines, Nordeste, PGA Portugalia Airlines, Regional, Rio Sul, Trans States Airlines

messer von 2,28 Meter. Die Passagierkabine ist als Druckkabine ausgelegt und hat eine Länge von 15,4 Meter und eine Breite von 2,1 Meter. Die Stehhöhe beträgt 1,82 Meter. Der Gepäckraum befindet sich hinter der Kabine und weist ein Volumen von 8,9 m³ auf. Die ERJ-145 ist mit einem T-Leitwerk ausgerüstet. Die Enteisung der Tragflächen erfolgt thermisch. Das Tanksystem besteht aus zwei Integraltanks mit einem Fassungsvermögen von 5.625 Liter.

Die neuste Version der ERJ-145, die 145XR hat eine Reichweite von 3.600 km. Sie erhielt ihre Zulassung im Dezember 2002. Als Antrieb kommen zwei Rolls Royce AE3007 A1E mit je 36 kN zum Einbau. Erstkunde ist Express Jet aus den USA, die die Flugzeuge im Auftrag von Continetal Airlines betreibt.

Embraer hat sich zur Zusammenarbeit mit der chinesischen Harbin Aircraft entschlossen. In China sollen jetzt die ERJ-135, 140 und 145 in Lizenz gefertigt werden. Im Dezember 2003 absolvierte die erste in China hergestellte ERJ-145 ihren Jungfernflug.

Mit der Auslieferung einer ERJ-145 an Alitalia konnte Embraer im Mai 2003 den 700. Regionaljet an einen Kunden übergeben.

Fairchild Dornier 228 der Air Maldives noch mit dem deutschen Erprobungskennzeichen D-COLT

Um auf dem Markt für Regionalverkehrs-flugzeuge ein Modell anbieten zu können, entwickelte Dornier die Dornier 228 aus der Do 28D-2 . Das Flugzeug wurde in zwei Versionen gefertigt. In Indien steht die Dornier 228 bei HAL noch in der Lizenzfertigung.

Am 27. November 1979 begann man bei Dornier mit Studien für ein modernes, einfach gebautes Mehrzweckflugzeug mit STOL-Eigenschaften für 19 Passagiere oder eine entsprechende andere Nutzlast. Das Ergebnis war die Dornier 228. Es handelte sich dabei um die Weiterentwicklung der Dornier Do 28D-2 Skyservant. Viele der bewährten Merkmale blieben erhalten, darunter der Kabinenquerschnitt und die tragende Konstruktion.

Tragflügel Neuer Technologie

Auffälligstes Merkmal der Dornier 228 ist die Verwendung des „Tragflügel Neuer Technologie". Diese von Dornier entwickelte Flügelkonstruktion ähnelt in der aerodynamischen Formgebung dem sogenannten superkritischen Profil, das für die neue Generation von Stahlverkehrsflugzeugen entwickelt wurde. Das am 14. Juni 1979 aufgenommene Erprobungsprogramm mit dem Dornier TNT-Experimentalflugzeug ergab, daß der neue Flügel die Leistung konventioneller zweimotoriger Flugzeuge um mehr als 25 Prozent erhöhen kann. Der „TNT" bietet durch den Einbau von Spaltklappen mit Fowler-Effekt und einer entsprechenden Randbogengestaltung, die eine größtmögliche Verringerung des induzierten Widerstandes bewirkt, eine beachtliche Verbesserung, besonders bei Starts und Landungen. Die daraus resultierenden Gesamtleistungen ermöglichen sowohl eine entsprechende Nutzlasterhöhung und Reichweitensteigerung als auch eine Senkung des Kraftstoffverbrauchs und damit eine wesentliche Steigerung der Wirtschaftlichkeit des Flugzeugs. Die Dornier 228 kann bei vollem Abfluggewicht von bis zu 3.050 m hoch gelegenen Plätzen aus eingesetzt werden.

Zwei Versionen

Am 28. März 1981 startete in Oberpfaffenhofen der Prototyp der für 15 Fluggäste ausgelegten 228-100 (D-IFNS) zum Erstflug. Bereits am 9. Mai 1981 folgte der Erstflug des zweiten Prototypen, der Dornier

228-200 (D-ICDO), die 19 Fluggästen Platz bietet und einen um 1,53 m verlängerten Rumpf hat. Die 19sitzige Ausführung für den Zubringer- und Regionalluftverkehr wurde gewählt, da nach den Vorschriften der FAA bei dieser Sitzzahl kein Flugbegleiter mitfliegen muß. In Staaten, wo diese Regelung nicht gilt, kommt die Dornier 228-200 mit bis zu 21 Sitzen zum Einsatz.

1984 wurden die rein äußerlich gleichen Versionen Dornier 228-101 und -201 mit einer um 280 kg höheren Abflugmasse eingeführt. Außerdem wurde noch die Dornier 228-202 mit einer Abflugmasse von 6.200 kg angeboten. Mit einem Umrüstpaket kann die Dornier 228-200 auf die Abflugmasse von 6200 kg nachgerüstet werden. Die Versionen Dornier

Bei einem Flug über dem Bodensee wurde diese Fairchild Dornier 228 von Taiwan Airways aufgenommen

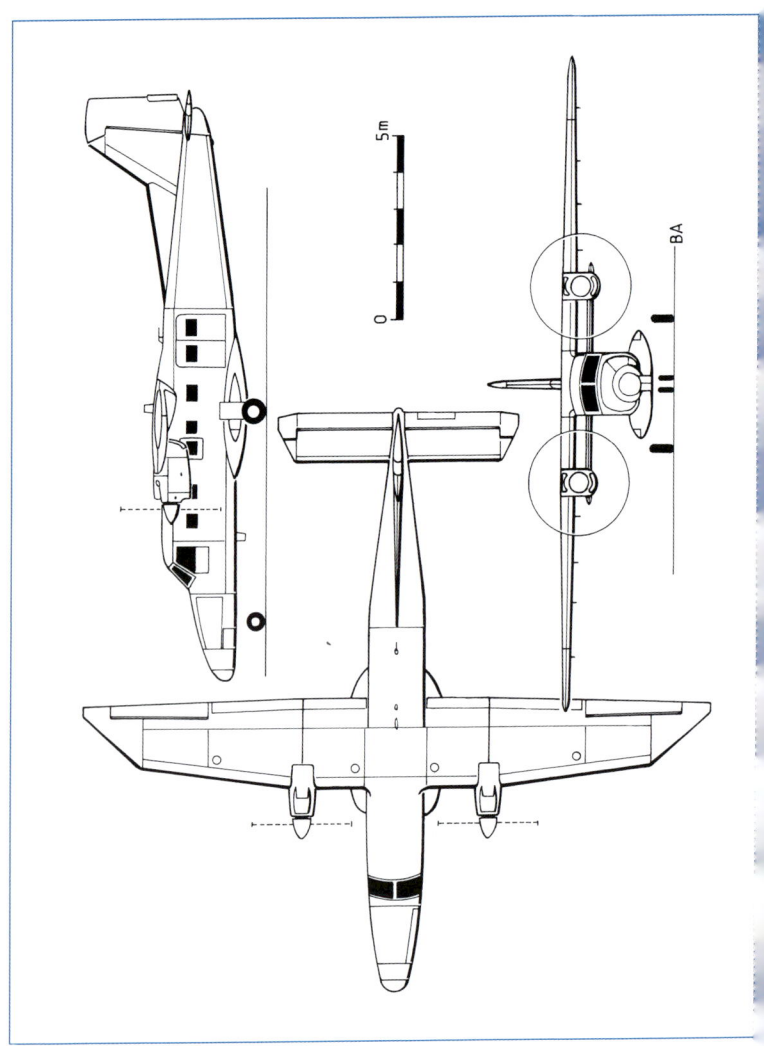

228-102/-202 wurden ab November 1987 ausgeliefert.

Erstbesteller für die Dornier 228 war die norwegische Fluggesellschaft A/S Norving, die im Spätsommer 1982 mit ihrer ersten Dornier 228-100 von Kirkenes aus den Liniendienst zu den Städten Vadsö und Alta aufnahm. Als erster Abnehmer in den USA setzt Precision Airlines seit 1984 die Dornier 228-200 ein.

1985 konnte das 50. Serienflugzeug an Olympic Aviation ausgeliefert werden.

Als Frachtflugzeug wurde ab Dezember 1987 die Dornier 228-203F mit einer Abflugmasse von 6.500 kg ausgeliefert. Die Nutzlast beträgt 2.300 kg. Im Gegensatz zu der Passagierversion sind keine Kabinenfenster und Notausstiege eingebaut. Dafür steht der Besatzung nicht nur auf der linken, sondern auch auf der rechten Seite eine Cockpittür zur Verfügung.

Am 29. November 1983 wurde mit der indischen Regierung ein Abkommen abgeschlossen, demzufolge 150 Dornier 228-200 unter Lizenz durch Hindustan Aeronautics Ltd. in Indien gefertigt wurden. Die erste aus indischer Produktion stammende Dornier 228 hatte am 31. Januar 1986 ihren Erstflug, und wurde im März 1986 an die inländische Regionalgesellschaft VAYUDOOT übergeben.

Die Dornier 228 fliegt in 40 Ländern, davon 28 Prozent in Asien, 25 Prozent in Europa und 15 Prozent in den USA.

Die Produktion der Dornier 228 wurde Ende 1998 nach 240 gebauten Einheiten eingestellt.

FAIRCHILD DORNIER 228-212

Hersteller:	Fairchild Dornier Deutschland
Verwendung:	STOL-Zubringer- und Mehrzweckflugzeug für 15 bis 19 Passagiere
Besatzung:	Zwei Piloten
Triebwerke:	Zwei Propellerturbinen Garrett TPE331-5A-252D von je 570 kW (776 WPS) Startleistung. 4-Blatt-Luftschrauben mit 2,69 m Durchmesser

Abmessungen und Leistungen:

Spannweite:	16,97 m
Länge:	16,56 m
Höhe:	4,86 m
Flügelfläche:	32,00 m²
Flächenbelastung:	200,0 kg/m²
Spurweite:	3,30 m
Radstand:	6,29 m
Rüstmasse:	3.900 kg
max. Startmasse:	6.400 kg
max. Landemasse:	6.100 kg
max. Nutzmasse:	2.661 kg
Tankkapazität:	2.386 l
Kabinenlänge:	7,08 m
Kabinenbreite:	1,35 m
Kabinenhöhe:	1,55 m
Kabinenvolumen:	14,7 m³
Ladevolumen:	6,91 m³
Höchstgeschwindigkeit:	434 km/h
max. Reisegeschwindigkeit:	400 km/h
Landegeschwindigkeit:	140 km/h
Dienstgipfelhöhe:	9.000 m
Steigleistung:	9 m/sek
Steigleistung einmotorig:	2,5 m/sek
Reichweite:	2.800 km
Treibstoffverbrauch im Reiseflug:	300 l/h
Erstflug:	28. März 1981

Im Einsatz bei:

Aerocondor, Air Carabibes, Air Marshall Islands, Bighorn Airways, Cosmic Air, DANA - Dornier Aviation Nigeria, Indian Airlines, Jagson Airlines, LGW Luftfahrtgesellschaft, Linea Turistica Aereotuy, Olympic Aviation, Pelangi Airways

Hainan Airlines aus China hat 19 Dornier 328JET bestellt

Das Regionalverkehrsflugzeug Dornier 328 wurde wahlweise mit Propellerturbinen oder Strahltriebwerken angeboten. Die Weiterentwicklung Dornier 428 wurde nicht verwirklicht. Nach der Insolvenz von Fairchild Dornier wurde das Dornier 328 Jet Programm von AvCraft übernommen. Die Wiederaufnahme der Produktion des Do 328 Jet ist für das Jahresende 2004 geplant.

Mit der Entwicklung der Dornier 328 wurde im Dezember 1988 begonnen. Aufgebaut wurde dabei auf die Erfahrungen mit der Dornier 228. Einzige Gemeinsamkeit, die die beiden Flugzeuge miteinander verbindet ist jedoch nur der „Tragflügel neuer Technologie" (TNT), der im wesentlichen übernommen wurde. Nur das Flügelmittelstück und das Klappen-

system wurden neu konstruiert. Neue Wege wollte man bei der Entwicklung des Rumpfes gehen, diesen optimieren und die Kunststoffbauweise für die Primärstruktur des druckbelüfteten Rumpfes einführen.

Neue Rumpftechnologie

Dornier begann bereits 1985 mit der Optimierung des Rumpfes. Es wurden Versuche mit zwei Rümpfen „Neuer Rumpftechnologie" (NRT) durchgeführt. Der eine Rumpf stellte einen Kompromiß zwischen aerodynamischer Güte, Gewicht und Herstellungskosten dar, während der zweite kompromißlos auf geringsten Luftwiderstand ausgelegt wurde. Die Studien ergaben außerdem, daß ein druckbelüfteter Rumpf aus Kunststoff zur Zeit noch zu große Risiken bei der Zulassung nach FAR 25 und im Betrieb unter den besonderen Bedingungen des Regionalflugverkehrs mit sich bringen würde, so daß die Do 328 bis auf weiteres mit einem konventionellen Rumpf auskommen muß. Verwendet wird dafür die Aluminiumlegierung „Allithium", die sehr hohe Werkstoffkosten verursacht. Der Rumpf ist gegenüber der Dornier 228 wesentlich größer und weist einen kreisförmigen Querschnitt auf, wodurch der Einbau einer Druckkabine ermöglicht wurde.

Die Kabine hat eine Stehhöhe von 1,86 Meter und eine Breite von 2,18 Meter. Sie bietet 30 bis 33 Passagieren in Dreierreihen mit Mittelgang oder maximal 39 Passagieren in Viererreihen Platz.

Die Auslegung der Dornier 328 erlaubt es ihr, wie auch den Vorgängermustern, von kurzen und unvorbereiteten Pisten zu starten und zu landen.

Vor der Insolvenz waren am Bau der Dornier 328 die Firmen Aermacchi aus Italien, Westland aus Großbritannien und OGMA aus Portugal beteiligt. Aermacchi baute den Rumpf und Westland fertigte die Triebwerksgondeln. Die restlichen Bauteile produzierte Dornier selbst und führte auch die Endmontage in Oberpfaffenhofen durch.

Vier Erprobungsmuster

Vier Erprobungsmuster wurden gebaut. Am 13. Oktober 1991 erfolgte der Roll-out und am 6. Dezember 1991 der Erstflug. Die

AC Jet der Delta Connection betreibt die Dornier 328JET im Auftrag von Delta Airlines

Welcome setzt die Dornier 328 JET auf der Strecke nach Friedrichshafen ein

Zulassung durch die JAA wurde am 15. Oktober 1993 erteilt, durch die FAA am 10. November 1993. Die Übergabe der ersten Serienmaschine an die Schweizer Regionalfluggesellschaft Air Engiadina erfolgte am 21. Oktober 1993.

Während eines Überführungsfluges von Oberpfaffenhofen nach San Antonio in Texas im März 1993 konnten sieben Geschwindigkeits-Weltrekorde aufgestellt werden.

Im Oktober 1994 wurde die Version Dornier 328-110 zugelassen. Die nächste Variante, die Dornier 328-120 erzielte weitere Leistungsverbesserungen von rund fünf Prozent, insbesondere mit Bezug auf die Start- und Landeeigenschaften und wurde im Mai 1995 zugelassen. Die erste Auslieferung fand im November 1996 statt.

Die Dornier 328-130 wird von zwei Pratt & Whitney Canada PW 119C angetrieben und verfügt über besondere Kurzstarteigenschaften. Sie flog Anfang 1998 zum ersten Mal. Bis Ende 1999 konnten 110 Flugzeuge an 26 Fluggesellschaften verkauft werden.

Die JET-Version

Der Roll-out des neuen Regionalverkehrsflugzeugs Fairchild Dornier 328JET erfolgte am 6. Dezember 1997. Am 20. Januar 1998 um 11.16 Uhr startete die D-BJET in Oberpfaffenhofen erfolgreich zu ihrem Erstflug. Geflogen wurde der Prototyp von Dornier-Cheftestpilot Meinhardt Feuersänger und Peter Weger. Der Flug dauerte knapp zwei Stunden. Während dieser Zeit erreichte der 34sitzige 328JET Höhen von 7.620 m und Geschwindigkeiten bis zu 407 km/h. Die Erprobung wurde nach 950 Flügen mit 1.560 Flugstunden am 8. Juli 1999 mit der Musterzulassung durch die JAA abgeschlossen. Die Zulassung der FAA erfolgte am 15. Juli 1999. Die erste Maschine wurde am 9. August 1999 an Midway Express ausgeliefert. Im September erhielt als erster europäischer Betreiber Tyrolean Airways eine Maschine.

Technische Beschreibung

Angetrieben wird die Dornier 328JET von zwei Mantelstromtriebwerken Pratt & Whitney Canada PW 306B mit je 26,9 kN (2742 kp) Leistung. Das Flugzeug erreicht eine Reisegeschwindigkeit von 741 km/h. Die Dornier 328JET kommt mit einer Startstrecke von 1.240 m und einer Landestrecke von 1.183 m aus. Die 328JET verbraucht rund 30 Prozent mehr Treibstoff als die normale 328. Um dies auszugleichen, wurde das Fassungsvermögen der Flügeltanks um 222 Liter auf 4.490 Liter erhöht. Die Reichweite beträgt 1.668 km. Der Lärmpegel in der Fluggastkabine ist deutlich geringer gegenüber der Dornier 328.

Im Jahr 2002 mußte Fairchild Dornier die Produktion einstellen. Lange Zeit sah es schlecht für die Wiederaufnahme des Betriebs aus, bis im Frühjahr 2003 die Investorengruppe AvCraft aus den USA das Dornier 328 Programm erwarb. Jährlich sollen bis zu 40 Flugzeuge in Oberpfaffenhofen gefertigt werden. Die erste Maschine konnte an Private Wings aus Berlin verkauft werden. Im Juni 2003 lagen für die Dornier 328JET 14 Bestellungen und neun Optionen vor, acht davon gehen an die chinesische Hainan Airlines, die bereits im September 2003 die erste Maschine übernahm.

FAIRCHILD DORNIER 328-120

Hersteller:	Fairchild Dornier Deutschland
Verwendung:	Regionalverkehrsflugzeug für 30 bis 34 Passagiere
Besatzung:	Zwei Piloten und ein Flugbegleiter
Triebwerke:	Zwei Propellerturbinen Pratt & Whitney Canada PW119C mit je 1625 kW (2180 WPS) Leistung, Hartzell 6-Blatt-Propeller mit 3,60 m Durchmesser

Abmessungen und Leistungen:

Spannweite:	20,97 m
Länge:	21,28 m
Höhe:	7,23 m
Flügelfläche:	40,00 m²
Flächenbelastung:	343,60 kg/m²
Spurweite:	3,22 m
Radstand:	7,41 m
Rüstmasse:	9175 kg
max. Startmasse:	13.990 kg
max. Landemasse:	13.230 kg
max. Nutzmasse:	3.690 kg
Tankkapazität:	4.290 Liter
max. Reisegeschwindigkeit:	620 km/h
Landegeschwindigkeit:	185 km/h
Dienstgipfelhöhe:	8.250 m
Steigegeschwindigkeit:	12,34 m/sek
Landestrecke:	1166 m
max. Reichweite:	2.780 km
Treibstoffverbrauch im Reiseflug:	600 l/h
Erstflug:	6. Dezember 1991

Im Einsatz bei:

Air Wisconsin Airlines, Atlantic Coast Jet, Bristow Helicopters Nigeria, Gandalf Airlines, Hainan Airlines, Minerva Airlines, PSA Airlines, Satena, Scot Airways, Skyway Airlines, Swisswings, Tyrolean Jet Service

Air Nostrum aus Spanien hat eine der größten Fokker 50-Flotten

Bei der Fokker 50 handelt es sich um die Weiterentwicklung des bewährten Kurzstreckenflugzeuges F27. Auf Grund des Konkurses von Fokker wurde die Produktion 1997 nach 212 gebauten Einheiten eingestellt.

Im November 1983 kündigte Fokker die Entwicklung der Fokker 50 an. Ausgangsmuster war die F27-500, deren Rumpf in modifizierter Form übernommen wurde. Äußerlich ist die Fokker 50 an den Sechs-Blatt-Propellern und den Kabinenfenstern, 22 pro Seite anstelle von elf, von der F27 zu unterscheiden. Rund 80 Prozent der Bauteile wurden gegenüber der F27 bei der Serienausführung geändert.

Als Antrieb wurden Propellerturbinen Pratt & Whitney Canada PW 124 mit jeweils 1.611 kW (2160 WPS) vorgesehen. Das Cockpit erhielt moderne Farbbildschirme. Die Kabine wurde für 50 bis 58 Passagiere ausgelegt. Durch die Verwendung von CFK-Baustoffen konnte das Gewicht gegenüber der F-27 um rund 300 kg gesenkt werden.

Der Vorgänger, die Fokker F27 Friendship

Mit der F27 Friendship bot Fokker ein Kurzstreckenverkehrsflugzeug für 32 bis 40 Passagiere an. Ausgerüstet wurde der Prototyp mit Rolls-Royce Dart 507-Propellerturbinen mit einer Startleistung von je 1.030 kW (1.400 WPS). Der Rumpf hatte einen Länge von 22,25 m. Ihren Erstflug absolvierte sie am 24. 11. 1955 mit dem Kennzeichen PH-NIV. Die erste Serienmaschine flog am 23. März 1958. Sie wurde am 19. November 1958 an Aer Lingus ausgeliefert.

Die mit Rolls-Royce Dart 511 ausgerüsteten Flugzeuge tragen die Bezeichnung F27-100, die mit Dart 528 die Bezeichnung F27-200. Außerdem gibt es noch die Frachtvarianten F27-300 und F27-400. Die Entwicklung der F27-500 wurde 1962 abgeschlossen. Sie erhielt Dart 528-Triebwerke. Der Rumpf wurde um 1,22 m verlängert und bot bis zu 52 Passagieren Platz. Am 15. November 1967 flog die erste Friendship 500. Im Januar 1986 stellte Fokker die Produktion der F27 ein. Bis dahin konnten 586 Bestellungen verbucht werden.

Lizenzproduktion in den USA

Fairchild in den USA nahm im Juni 1956 die Lizenzproduktion auf. Die dort gebauten Flugzeuge hatten einen um 0,43 m verlängerten Rumpf, da die Flugzeuge über ein Wetterradar verfügten. Der Erstflug des Prototyps mit der Zulassung N1027 erfolgte am 12. April 1958. West Coast Airlines nahm mit der F-27 am 28. September 1958 den Liniendienst auf.

Die Weiterentwicklung erhielt die Bezeichnung FH-227, bei der der Rumpf um 1,98 m verlängert wurde und die für 56 Passagiere ausgelegt war. Als Antrieb kamen Dart 532-7 mit 2.250 WPS zum Einbau und die Startmasse erhöhte sich auf 19.730 kg. Nach dem Roll-out am 27. Januar 1966 startete der Prototyp mit dem Kennzeichen N2227L am 2. Februar 1966 zu seinem Erstflug. Die FH-227B er-

Aer Lingus beschaffte vier Fokker 50, im Bild die FKA, die als Zubringer zum Einsatz kommen

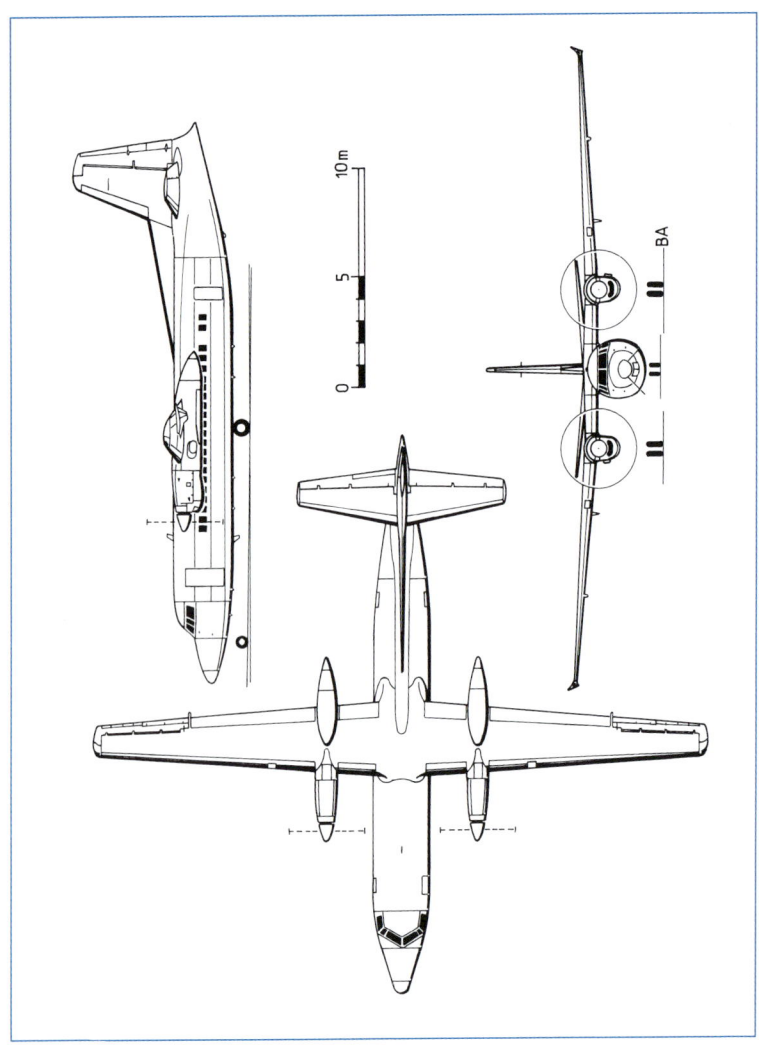

fuhr nochmals eine Strukturverstärkung mit einer Erhöhung der Startmasse auf 20.639 kg. Im Dezember 1966 erhielt Piedmont Airlines die erste FH-227B. Die Fertigung lief bei Fairchild nach 206 Flugzeugen aus. Die Produktion unterteilte sich in 128 F-27 und 78 FH-227. Als letztes Flugzeug wurde eine FH-227D im Dezember 1968 abgeliefert.

Die Weiterentwicklung „Fokker 50"

Der Prototyp der Fokker 50 absolvierte am 28. Dezember 1985 mit dem Kennzeichen PH-OSO seinen Jungfernflug. Die erste Serienmaschine flog am 13. Februar 1987 und am 7. August 1987 konnte DLT ihre erste Fokker 50 übernehmen.

Ab Anfang 1993 bot Fokker eine verbesserte Version, die Fokker 50-300 an. Die Startmasse erhöhte sich um 1.390 kg. Mit den PW128B Triebwerken mit 2.050 kW (2.750 WPS) Startleistung ist sie besonders für den Einsatz von hochgelegenen und warmen Flugplätzen geeignet.

Die niederländische Luftwaffe erhielt vier Fokker 60 Utility mit einem um 1,60 m verlängertem Rumpf. Diese hatten einen verstärkten Rumpfboden und ein Frachttor in der Größe von 3,05 x 1,78 m. Der Erstflug fand am 2. November 1995 statt. Es wurden keine weiteren Fokker 60 gebaut.

1996 mußte Fokker Konkurs anmelden. Da sich keine Firma finden ließ, die zur Übernahme der Fertigung bereit war, endete die Produktion der Fokker 50/60 nach 212 gebauten Flugzeugen im Jahr 1997.

FOKKER 50

Hersteller:	Fokker BV Niederlande
Verwendung:	Kurzstrecken- und Regionalverkehrsflugzeug für 50 bis 58 Passagiere
Besatzung:	Zwei Piloten und ein bis zwei Flugbegleiter
Triebwerke:	Zwei Propellerturbinen Pratt & Whitney Canada PW 124 mit je 1.611 kW (2.160 WPS), Pratt & Whitney Canada PW125B mit je 1864 kW (2.500 WPS), Pratt & Whitney Canada PW127B mit je 2.750 WPS (2.051 kW) Startleistung, 6-Blatt-Luftschrauben mit 4,19 m Durchmesser

Abmessungen und Leistungen:

Spannweite:	29,00 m
Länge:	25,25 m
Höhe:	8,60 m
Flügelfläche:	70,00 m²
Flächenbelastung:	2.650 kg
max. Startmasse:	22.110 kg
max. Landemasse:	19.730 kg
max. Nutzmasse:	6.840 kg
Tankkapazität:	5150 l
max. Reisegeschwindigkeit:	532 km/h
Landegeschwindigkeit:	195 km/h
Dienstgipfelhöhe:	7.620 m
Steigleistung:	9 m/sek
Reichweite mit 50 Passagieren bei max. Startmasse:	1.390 km
Treibstoffverbrauch im Reiseflug:	730 l/h
Erstflug:	28. Dezember 1985

Im Einsatz bei:
Air Nostrum, Avianca, Demin Air, KLM Cityhopper, KLM uk, Lufthansa CityLine, Malaysia Airlines, Mandarin Airlines, SAS Scandinavian Commuter, Skyways, VLM Airlines

Eine Fokker 70 von Austrian Airlines startet in Amsterdam zu einem Abnahmeflug

Aus der F28-4000 entwickelte Fokker für den Kurz- und Mittelstreckenbereich die Fokker 100. Für wenig frequentierte Strecken kam die Fokker 70 zum Einsatz. 1997 wurde die Fertigung eingestellt.

Die Entwicklung der Fokker 100 begann im November 1983 auf der Basis der F28. Im Gegensatz zur F.28-4000 erfuhr der Rumpf eine Verlängerung von 5,75 m für eine Kapazität von 85 bis 107 Passagieren und wurde für eine Flugmasse bis 45.000 kg an den tragenden Stellen verstärkt. Verstärkt werden mußte auch die Hydraulik, die Klimaanlage und die Druckkabine. Der Unterflurladeraum hat ein Volumen von 17 m³. Die Spannweite wurde um 3,0 m vergrößert. Die Integraltanks haben ein Fassungsvermögen von 13.000 Li-

ter und sind mit denen der F28-4000 identisch. Als Antrieb wurden die neuen Rolls-Royce Tay 620-15 Mantelstromtriebwerke ausgewählt. Diese Triebwerksversion kam allerdings nur bei den ersten Flugzeugen zum Einbau. Ab 1989 wurde es durch das leistungsstärkere Tay 650-15 ersetzt. Auch die älteren Flugzeuge wurden später mit der neuen Triebwerksversion nachgerüstet. Im Cockpit wurden Farbbildschirme installiert und die Ausrüstung der Passagierkabine neu gestaltet. Erstbesteller wurde Swissair, die am 5. Juli 1984 acht Flugzeuge bestellte und sechs Optionen erteilte.

Fokker F28 Fellowship

Die Entwicklung der F28 Fellowship wurde im April 1962 bekanntgegeben. Die F28 wurde als Kurzstreckenverkehrsflugzeug für 40 bis 65 Passagiere mit einer Reichweite von rund 1.000 km und einer Startmasse von 29.510 kg ausgelegt. Als Antrieb kamen zwei Rolls-Royce Spey Junior RB.183-2 Mk.555-15 zum Einbau. Der Jungfernflug des ersten Prototyps mit dem Kennzeichen PH-JHG fand am 9. Mai 1967 statt, der des zweiten am 3. August 1967. Das holländische Luftfahrtministerium erteilte die Typenzulassung am 24. Februar 1969. Die erste Serienmaschine der F28-Mk.1000 erhielt LTU am 25. März 1969. Für den kombinierten Passagier-/Frachteinsatz baute Fokker die Mk.1000C mit einem großen seitlichen Ladetor.

Die Weiterentwicklung F28 Fellowship Mk.2000 war eine gestreckte Mk.1000 mit zwei zusätzlichen Rumpfabschnitten vor und hinter der Tragfläche mit einer Länge von 1,45 m und 0,76 m, so daß bis zu 79 Passagiere Platz fanden. Als Prototyp für die Mk.2000 diente die modifizierte erste Vorserienmaschine der F28-Mk.1000. Der Erstflug erfolgte am 28. April 1971. Nigeria Airways übernahm die erste F28-Mk.2000 im Herbst 1972. Als nächste Version kam die F28 Fellowship Mk.6000. Sie besaß gegenüber der Mk.2000 bessere Kurzstarteigenschaften. Die Spannweite der Tragflächen wurde um 1,51 m vergrößert und dreiteilige Vorflügel angebaut. Außerdem kam eine stärkere und zugleich leisere Version des Spey-Triebwerks zum Einbau. Die Maschine bot

Im Einsatz bei America West Express, die Fokker 70 N528YV

bis zu 85 Passagieren Platz und hatte eine maximale Startmasse von 33.100 kg. Die F28-Mk.6000 flog erstmals am 27. September 1973 und die Typenzulassung wurde am 5. November 1975 erteilt. Die Typenbezeichnung der F28-Mk.6000 wurde 1976 in F28-Mk.4000 geändert, wobei jetzt die dreiteiligen Vorflügel wieder entfielen. Die Produktion der F28 wurde nach 241 gebauten Einheiten Ende 1986 eingestellt. Insgesamt hatten 57 Kunden in 37 Ländern die F28 bestellt.

Fokker 100

Die Flugerprobung der Fokker 100 wurde am 30. November 1986 aufgenommen und die Typenzulassung durch die JAA am 20. November 1987 erteilt. Der mit den stärkeren Tay 650-Triebwerken ausgerüstete Prototyp absolvierte am 8. Juni 1988 seinen Erstflug. Diese Version war für US Air bestimmt.

Die Auslieferung an die Swissair begann am 29. Februar 1988. Nach der Swissair bestellte die KLM sechs Fokker 100. Verkaufserfolge konnten auch in den USA erzielt werden. Am 29. Juli 1989 orderte US Air 40 Einheiten und American Airlines vergab am 22. März 1989 einen Auftrag über 75 Flugzeuge und 75 Optionen.

Fokker 70

Als weitere Varianten der Fokker 100 waren die Fokker 70, die Fokker 80 und

Bis zur Auflösung von Air Ivoire flog die Gesellschaft die Fokker 100

Fokker 130 geplant, wobei sich die Ziffer immer auf die Anzahl der zu befördernden Passagiere bezog. Für die Fokker 70/80 wurde der Rumpf der F28-4000 mit den Tragflächen und den Triebwerken der Fokker 100 vorgesehen, während die Fokker 130 einen gestreckten Rumpf der Fokker 100 erhalten sollte. Ab 1996 sollte noch eine Langstrecken-Version, die Fokker 100ER gebaut werden mit einer Reichweiten bis zu 6.000 km. Außer der Fokker 70 wurde keines der Projekte mehr verwirklicht.

Der Prototyp der Fokker 70 entstand durch Umbau des zweiten Fokker 100 Prototypen. Wie bereits erwähnt, verfügt die Fokker 70 über den Rumpf der F28-4000. Außerdem wurde eine vereinfachte Elektronik eingebaut und die Abflugmasse verringert. Je nach Kabinenausrüstung können in 5er-Reihen 70 bis 79 Passagiere befördert werden. Bei voller Auslastung hat sie eine Reichweite von 2.000 km und es können Flugplätze angeflogen werden, deren Start- und Landebahn eine Länge von nur 1.100 m Länge hat.

Die Fertigung der Fokker 70 begann im Juni 1992. Der Prototyp absolvierte seinen Erstflug am 2. April 1993 und die Auslieferungen an die Fluggesellschaften begannen 1995.

Unter der Bezeichnung Excecutive Jet 70 wurde auch eine Geschäftsreiseversion mit 30 und 52 Sitzplätzen angeboten. Vier Maschinen wurden gebaut und ausgeliefert.

Austrian Airlines kaufte 2004 neun Fokker 100 für den Einsatz im EU-Raum und nach Osteuropa. Bis zur Einstellung der Produktion infolge des Konkurses Fokkers im Jahr 1996 verließen 282 Fokker 100 und 77 Fokker 70 die Fertigungsstraße.

FOKKER 100

Hersteller:	Fokker BV Niederlande
Verwendung:	Kurz- und Mittelstrecken-Verkehrsflugzeug für 85 bis 109 Passagiere
Besatzung:	Zwei Piloten und zwei bis drei Flugbegleiter
Triebwerke:	Zwei Mantelstromtriebwerke Rolls-Royce Rb.183-03 Tay 650-15 mit je 67,2 kp (6850 kp) Standschub

Abmessungen und Leistungen:

Spannweite:	28,10 m
Länge:	35,55 m
Höhe:	8,50 m
Flügelfläche:	94,30 m²
Pfeilung:	17,5 Grad
Flächenbelastung:	471,4 kg/m²
Rüstmasse:	25.500 kg
max. Startmasse:	44.450 kg
max. Landemasse:	39.915 kg
max. Nutzmasse:	12.000 kg
Tankkapazität:	13.040 Liter
Höchstgeschwindigkeit:	835 km/h
max. Reisegeschwindigkeit:	855 km/h
Landegeschwindigkeit:	220 km/h
Dienstgipfelhöhe:	10.670 m
Steigleistung:	800 m/min
Reichweite mit voller Nutzmasse:	2.500 km
Treibstoffverbrauch im Reiseflug:	2.300 l/h
Erstflug:	30. November 1986

Im Einsatz bei:
Air Littoral, Alpi Eagles, American Airlines, Austrian Airlines, Brit Air, Germania Express, KLM Cityhopper, KLM uk, Korean Air, Mexicana, TAM, US Airways

Iljuschin Il-86 der Kazakstan Airlines

Die Iljuschin Il-86 ist das erste Groß-raumverkehrsflugzeug, das in der ehe-maligen UdSSR gebaut wurde. Sie sollte die Il-62 auf den Langstrecken ablösen. Die Produktion wurde inzwischen ein-gestellt.

Aeroflot übernahm ihr erstes Groß-raumflugzeug, eine Iljuschin Il-86 im Jahr 1981. Dies war rund zehn Jahre nach der Einführung der Lockheed TriStar, McDonnell Douglas DC-10 und Boeing 747 bei den Fluggesellschaften im Westen. Wann die Entwicklung der Il-86 begann läßt sich nicht genau feststellen, vermut-lich aber Anfang der 70er Jahre. Erheb-liche Verzögerungen gab es durch das Fehlen eines leistungsstarken Triebwerks. Zum Einbau kamen vier Mantelstromtrieb-werke NK-86 von Kuznetzow mit je 127 kN (13.000 kp) Standschub. Es war geplant, diese Triebwerke ab 1983 durch die wirt-schaftlicheren D-30KP Triebwerke von So-lowjew zu ersetzen, die identische Leistun-gen aufwiesen. Diese Triebwerke kommen auch bei der Tupolew Tu-154 zum Einsatz. Ob diese Modifizierung aber auch durch-geführt wurde ist fraglich. Neu für eine Entwicklung von Iljuschin war auch die Anordnung der Triebwerke bei einem strahlgetriebenen Verkehrsflugzeug unter den Tragflächen. Iljuschin wie auch Tupo-lew plazierten bis dahin die Triebwerke am Heck.

Die Startmasse beträgt 206.000 kg. Der Rumpf mit einem Durchmesser von 6,08 m wurde für die Beförderung von maximal 350 Passagieren ausgelegt. Diese Sitzanordnung kommt auf Flügen innerhalb der UdSSR zur Ausführung. Auf internationalen Strecken ist die Il-86 mit einer Zweiklassenkabine mit 20/296 Sitzen ausgestattet. Oder aber für 28 Passagiere in der ersten Klasse und in der Hauptkabine 206 Passagiere.

Von Bodengeräten unabhängig

Die Il-86 ist von Bodengeräten auf den Flughäfen weitgehend unabhängig. Für die Energieversorgung am Boden ist sie mit einer Hilfsturbine ausgerüstet. Die Passagiere betreten das Flugzeug über drei große bordeigene Treppen im Unterflurbereich. Über eine weitere innerhalb des Flugzeugs eingebaute Treppe kommt man

in die Passagierkabine im Oberdeck. Bordküchen und Laderäume sind im unteren Rumpfbereich untergebracht. Die Unterflurladeräume haben Platz für 16 Container in den Abmessungen der LD-3-Container. Je nach Einsatzart fassen die in den Tragflächen untergebrachten Integraltanks zwischen 56.000 und 105.000 Liter Treibstoff. Die Il-86 war das erste Verkehrsflugzeug der ehemaligen UdSSR, das mit Bildschirmen im Cockpit ausgerüstet war.

Außerhalb der UdSSR wurden ab 1977 Firmen in Polen und der Tschechoslowakei an der Produktion der Il-86 beteiligt. Dies war in Polen PZL-Mielec, wo das Leitwerk, Triebwerksaufhängungen und alle beweglichen Teile der Tragflächen hergestellt wur-

Iljuschin Il-86 mit der russischen Registrierung RA-86115 der Orient Avia

den. In der Tschechoslowakei erfolgte die Produktion der Passagiersitze.

Am 22. Dezember 1976 absolvierte der erste Prototyp der Il-86 mit der Kennung CCCP-86000 seinen Erstflug in der Nähe von Moskau. Die Flugerprobung nahm rund zwei Jahre in Anspruch und wurde im Oktober 1978 abgeschlossen.

Vorstellung im Westen

Im Juni 1977 stellte Iljuschin die Il-86 zum ersten Mal im Westen auf dem Aerosalon in Paris-Le Bourget vor. Die erste Serienmaschine absolvierte am 24. Oktober 1977 ihren Erstflug. Für die Pilotenausbildung erhielt die Aeroflot 1979 einen Il-86-Simulator. Die Übergabe der ersten Il-86 an die Aeroflot erfolgte am 24. September 1979, so daß Aeroflot im Oktober 1979 die Streckenerprobung aufnehmen konnte. Der erste Linienflug auf der Route Moskau–Taschkent wurde am 26. Dezember 1980 durchgeführt.

1980 begann ein Modernisierungsprogramm um die Wirtschaftlichkeit zu verbessern. Dabei wurde auch die Startmasse auf 208.000 kg gesteigert.

Auf normalen Linienflügen kam die Il-86 ab 1981 zum Einsatz. Der erste internationale Einsatz erfolgte am 3. Juli 1981 zwischen Moskau und Berlin. Die Strecke Moskau–Havanna wird seit April 1983 mit der Il-86 bedient. Allerdings muß in Shannon/Irland und je nach Zuladung nochmals in Gander/Kanada eine Zwischenlandung zum Tanken eingelegt werden.

AJT (Asian Joint Transport) ist in Moskau-Sheremetyevo beheimatet und betreibt drei Iljuschin Il-86

Umrüstung auf westliche Geräte

Rockwell Collins rüstete Anfang 1994 eine Iljuschin Il-86 (RA-86065) der Aeroflot mit einem Antikollisions-Warnsystem (Traffic Alert Collision Aviodance System/TCAS) aus. Für die Erprobung und Zulassung wurde eine Il-86 nach Cedar Rapids in Iowa/USA geflogen. Dort wurde das System installiert und für die Zulassung durch die Russian Aircraft Registry und die amerikanische FAA vorbereitet. Die Testreihe konnte innerhalb einer Woche abgeschlossen werden. Aeroflot plante ihre gesamte Iljuschin Il-62, Il-86 und Il-96-300 mit Collins TCAS auszurüsten.

Anfang der 90er Jahre gab es Untersuchungen, einen Teil der Il-86-Flotte auf CFM56 Triebwerke umzurüsten, um die Wirtschaftlichkeit sowie die Reichweite zu verbessern, die dann bei voller Nutzmasse rund 6.000 km betragen hätte. Der Treibstoffverbrauch hätte um rund 35 Prozent gesenkt werden können. Aus finanziellen Gründen wurde die Umrüstung aber nicht weiter verfolgt.

Exportiert werden konnte keine der gebauten Il-86. Für den Einsatz in den damaligen Ostblockländern war sie zu groß und für westliche Fluggesellschaften zu unwirtschaftlich. Die Anzahl der gebauten Flugzeuge ist nicht bekannt. Mitte der 90er Jahre hatte die Aeroflot 74 Il-86 in ihrer Flotte, die nach der Auflösung auf die Fluggesellschaften der neuen Staaten verteilt wurden. 2002 waren 105 Il-86 bekannt, die noch bei verschiedenen Fluggesellschaften im Einsatz standen.

ILJUSCHIN IL-86

Hersteller:	Iljuschin Design Bureau Werk Woronesch Rußland
Verwendung:	Mittelstrecken-Verkehrsflugzeug für 316 bis 350 Passagiere
Besatzung:	Zwei Piloten, ein Flugingenieur, ein Bordnavigator und zwölf Flugbegleiter
Triebwerke:	Vier Mantelstromtriebwerke Solojew D-30KP mit je 127,5 kN (13.000 kp) oder Kusnjetsow NK-86 mit je 127,5 kN (13.000 kp) Standschub

Abmessungen und Leistungen:

Spannweite:	48,06 m
Länge:	59,54 m
Höhe:	15,75 m
Rumpfquerschnitt:	6,08 m
Flügelfläche:	329,80 m²
Pfeilung:	35 Grad
Flächenbelastung:	646,15 kg/ m²
Rüstmasse:	120.400 kg
max. Startmasse:	210.000 kg
max. Landemasse:	175.000 kg
max. Nutzmasse:	40.000 kg
Tankkapazität	
Langstrecke:	105.000 Liter
Mittelstrecke:	56.000 Liter
max. Reisegeschwindigkeit:	950 km/h
Reisegeschwindigkeit:	900 km/h
Landegeschwindigkeit:	240 km/h
Dienstgipfelhöhe:	10.550 m
Steigleistung:	750 m/min
Reichweite mit maximaler Nutzmasse:	3.600 km
Treibstoffverbrauch im Reiseflug:	12.500 l/h
Erstflug:	22. Dezember 1976

Im Einsatz bei:
Aeroflot, Air Kazakstan, AJT Air International, China Xinjiang Airlines, East Line Airlines, Kras Air, Pulkovo Aviation Enterprise, Sibir Airlines, Ural Airlines, Uzbekistan Airways, Vaso Airlines, Vnukovo Airlines

Die von der russischen Regierungsstaffel als Präsidentenmaschine betriebene Il-96

Die Il-96 sollte die Il-86 ablösen. Bis jetzt sind allerdings nur wenige Maschinen ausgeliefert worden. Zwei davon fliegen bei der russischen Regierungsstaffel und sind deshalb des öfteren auf westlichen Flugplätzen zu sehen.

Äußerlich weist die Il-96 eine große Ähnlichkeit mit der Il-86 auf. Es handelt sich aber um eine komplette Neuentwicklung auf Grundlage der neuesten technischen Erkenntnissen. Die Iljuschin Il-96 gehört zu einer neuen Generation hochmoderner Verkehrsflugzeuge, die in den 80er Jahren in der damaligen UdSSR entstanden. Sie entspricht den Lärmvorschriften nach ICAO Chapter 3 Index 16.

Das Basismuster ist die Il-96-300, weitere Varianten sind die Il-96-350, die jetzt als Il-96M bezeichnet wird. Ferner gibt es noch die Frachtausführung Il-96T. Die Il-96-300 wird von vier Mantelstromtriebwerken Solowjew PS-90A mit je 157 kN (16.000 kp) Standschub angetrieben. Die Il-96M und die Il-96T erhalten vier Mantelstromtriebwerke PW2337 mit je 166 kN (16.783 kp) Standschub von Pratt & Whitney.

Moderne Cockpitausstattung
Das Cockpit ist mit Farbbildschirmen und moderner Avionik sowie einer Fly-by-wire Steuerung und einem digitalen Navigationssystem ausgerüstet. Die Instrumentierung ist für Landungen nach Kategorie IIIa zugelassen.

Der Rumpf der Il-96-300 ist für maximal 300 Passagiere ausgelegt. Bei einer

Kabinenaufteilung in zwei Klassen finden in der ersten Klasse 20 und in der Touristenklasse 240 Passagiere Platz. Auf internationalen Strecken ist die Kabine in drei Klassen unterteilt. 20 Passagiere in der ersten Klasse, 40 in der Business-Klasse und 173 in der Touristenklasse.

Gegenüber der Il-86 wurde die Spannweite der Tragflügel um 9,6 m vergrößert und erhielt eine Pfeilung von 30 Grad und Winglets. Der Tragflügel ist für alle Versionen der Il-96 gleich. Die in den Tragflächen eingebauten Integraltanks fassen 105.000 Liter Treibstoff. Die gesamte Treibstoffkapazität beträgt 152.500 Liter. Durch die Verwendung von Verbundwerkstoffen konnte das Gewicht der Il-96 re-

duziert werden. Die Startmasse beträgt 216.000 kg.

Am 28. September 1988 absolvierte der Prototyp der Il-96-300 mit der Zulassung CCCP-96000 von einem kleinen Stadtflugplatz in Moskau seinen Erstflug. Die Flugerprobung stand unter der Leitung von S. Bliznjuk.

Vorstellung im Westen

Auf der Luftfahrtschau im Mai 1989 in Le Bourget wurde die Il-96-300 erstmals im Westen vorgestellt. Ab 1987 bestellten einige Fluggesellschaften des damaligen Ostblocks die Il-96-300. Durch den politischen Umschwung sollte es dann aber ganz anders kommen. Aeroflot orderte

Ein Iljuschin Il-96 der Aeroflot im Anflug auf Frankfurt

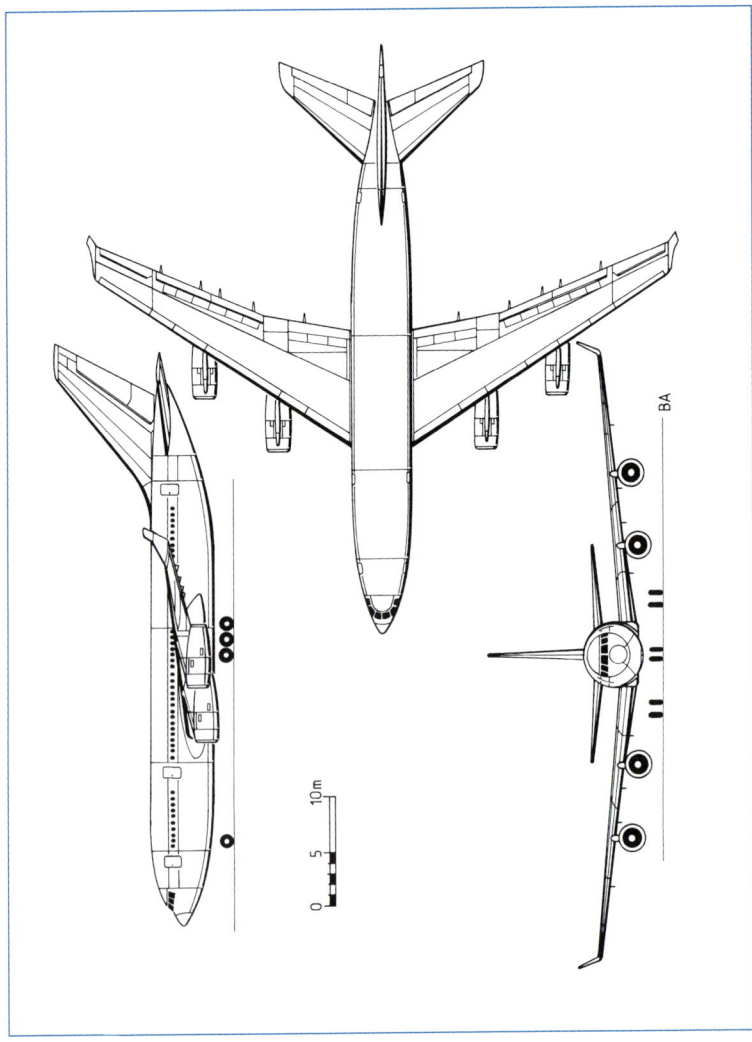

BA

10 m

5

0

20 Il-96M mit Pratt & Whitney PW2337/2340. Zwischen 1991 und 1996 wurden sechs Il-96-300 an die Aeroflot ausgeliefert. Die erste Maschine nahm am 14. Juli 1993 den Liniendienst auf. Eine Il-96-300 mit der Zulassung RA-96012 wurde als Regierungsmaschine für den russischen Präsidenten erworben.

Der Prototyp der Iljuschin Il-96M entstand aus dem Prototyp der Iljuschin Il-96-300. Seinen Erstflug absolvierte er mit der Zulassung RA-96000 am 6. April 1993 noch als Il-96-350. Das erste dem Serienstandard entsprechende Flugzeug der Il-96M fliegt seit Dezember 1995. Über den Bau weiterer Maschinen der Il-96M wurde bis jetzt nichts bekannt.

Gegenüber der Il-96-300 wurde der Rumpf der Il-96M um 9,35 m verlängert und das Seitenleitwerk verkleinert. Die Maschine ist für maximal 375 Passagiere ausgelegt. Die Startmasse beträgt 250.000 kg, die Nutzmasse 52.700 kg.

Das Cockpit ist voll digitalisiert, verfügt über Fly-by-wire-Steuerung, eine westliche Navigationsausrüstung und Rockwell-Collins-Avionik und ist für den Betrieb mit zwei Piloten ausgelegt. Für den Antrieb wurden Pratt & Whitney PW2337 mit einer Leistung von je 166 kN (16.783 kp) Standschub ausgewählt. Der Liefervertrag für die Triebwerke wurde am 17. Juni 1991 unterzeichnet. Unter der Bezeichnung Il-96-400 wird die Maschine mit russischer Avionik und russischen Triebwerken angeboten.

Aus der Il-96M wurde die Frachtversion Il-96T abgeleitet. Diese flog erstmals am 16. Mai 1997. Sie kann eine Nutzmasse von 92.000 kg befördern. Zehn Maschinen sind bis jetzt bestellt.

ILJUSCHIN IL-96M

Hersteller:	Iljuschin Design Bureau, Werk Woronesch Rußland
Verwendung:	Langstrecken-Verkehrsflugzeug für 235 bis 375 Passagiere
Besatzung:	Zwei Piloten und zwölf Flugbegleiter
Triebwerke:	Vier Mantelstromtriebwerke Pratt & Whitney PW2337 mit je 170,1 kN (17.350 kp) Standschub bei der Il-96M oder Aviadvigatel/Perm PS-90A mit je 156,9 kN (16.000 kp) Standschub bei der Il-96-300

Abmessungen und Leistungen:

Spannweite mit Winglets:	60,11 m
Länge:	63,94 m
Höhe:	15,72 m
Flügelfläche:	391,6 m³
Pfeilung:	30 Grad
Flächenbelastung:	549,6 kg/m²
Rüstmasse:	132.400 kg
max. Startmasse:	270.000 kg
max. Landemasse:	175.000 kg
Nutzmasse:	58.000 kg
Treibstoffkapazität:	105.000 l
max. Reisegeschwindigkeit:	900 km/h
Landegeschwindigkeit:	250 km/h
Dienstgipfelhöhe:	13.100 m
Steigleistung:	700 m/min
Startstrecke:	3.350 m
Landestrecke:	2.250 m
Reichweite mit maximale Nutzmasse:	11.482 km
Treistoffverbrauch:	10.250 l/h
Erstflug:	6. April 1993

Im Einsatz bei:
Aeroflot, Atlant Soyuz Airlines, China Xinjiang Airlines, Domodedovo Airlines, Iljuschin, Russia State Transport Company, Volga-Dnepr Airlines

Eine Jak-42D der Ada Air aus der Ukraine im Endanflug

Auf den Kurz- und Mittelstrecken sollten die Jak-42/Jak-142 die Tupolew Tu-134A ablösen. Ein großer Erfolg war diesem Typ aber nicht beschieden und die Produktionszahlen blieben weit hinter den Erwartungen zurück.

Als Nachfolgemuster für die Tupolew Tu-134 wurde Anfang der 70er Jahre die Jakowlew Jak-42 entwickelt. Eingesetzt wird sie auf Kurz- und Mittelstrecken. Drei Lotarew D-36 Mantelstromtriebwerke mit 63,8 kN (6500 kp) Standschub finden als Antrieb Verwendung.

Die Jak-42 ist für 112 bis 120 Passagiere ausgelegt. Der Rumpf hat einen Durchmesser von 3,8 Meter. Die Kabine weist eine Länge von 19 m auf, ist 3,55 m breit und 2,1 m hoch. Die beiden Integraltanks sind im Tragflügel untergebracht und für 23.000 Liter ausgelegt. Die Startmasse beträgt 53.500 kg. Größenmäßig entspricht sie der Boeing 737-200. Äußerlich sieht die Jak-42 wie eine vergrößerte Jak-40 aus.

Starts von Schotterpisten

Das Hauptfahrwerk der Jak-42 kann entsprechend den Wünschen der Kunden mit zwei oder vierrädrigen Einheiten ausgerüstet werden, was sich besonders für Einsätze von abgelegenen Flugplätzen mit schlechten Start- und Landebahnen sowie Schotterpisten günstig auswirkt. Die benötigte Startbahnlänge beträgt rund 1.800 Meter. Um die Jak-42 von Flughafengeräten unabhängig zu machen ist sie mit einer APU und zwei bordeigenen Passagiertreppen ausgerüstet.

Der erste Prototyp der Jak-42 mit der Zulassung CCCP-1974 absolvierte seinen Erstflug am 7. März 1975. Die Besatzung bestand aus den Piloten A.S. Kolosov und Yu V. Petrov sowie dem Flugingenieur Yu B. Viskovskii. Die Spannweite der Jak-42 beträgt 35,0 m, die Länge des Rumpfes ebenfalls 35,0 m. Beim zweiten Prototyp wurde die Spannweite um 0,8 m auf 34,2 m verkleinert und der Rumpf auf 36,38 m verlängert. Er hatte die Zulassung CCCP-1975. Der dritte Prototyp war gleichzeitig das erste Serienflugzeug.

Den ersten Linienflug mit der Jak-42 führte die Aeroflot auf der Strecke Moskau–Krasnodar am 22. Dezember 1980 durch. Bis Mitte 1981 standen zehn Flugzeuge im Liniendienst. Nach zwei Jahren zeigte es sich, daß die Maschine noch nicht ausgereift war. Infolge zahlloser technischer Schwierigkeiten und wegen Schwingungen im Leitwerksbereich, die zu Materialermüdungen führten, mußte die Jak-42 wieder aus dem Liniendienst genommen werden. Nach einem Absturz am 28. Juni 1982 mit 132 Toten wurde der Jak-42 die Verkehrszulassung entzogen. Die Konstruktion mußte umfaßend modifiziert werden, so daß der Einsatz erst 1984/1985 wieder aufgenommen werden konnte. Im Rahmen der Überarbeitung wurde auch die Startmasse von 53.500 kg auf 56.500 kg angehoben.

Aus Uzbekistan kommt die Jak-42D (UN42447) der Irtysh Avia

Der erste Auftrag über sieben Flugzeuge kam 1982 von Aviogenex aus Jugoslawien. Er wurde später aber wieder auf Grund der Probleme, die beim Einsatz der Jak-42 auftraten, storniert.

Im Einsatz auf internationalen Routen

Die auf internationalen Routen eingesetzten Flugzeuge führten die Typenbezeichnung Jak-42ML. Diese Version wurde ab 1981 gebaut und erstmals am 18. Juli 1981 auf der Strecke von Leningrad nach Helsinki eingesetzt.

Als Projekt entstand die Jak-42M mit einem verlängerten Rumpf und erhöhter Treibstoffkapazität. Als Antrieb waren neue D-436 Triebwerke von Lotarew vorgesehen. Der Rumpf sollte um 4,5 m gestreckt werden, so daß zwischen 156 und 168 Passagiere hätten Platz finden können. Die Startmasse erhöhte sich auf 66.000 kg. Der Einsatz war ab 1987 geplant. 1991 war von dem ursprünglichen Entwurf außer dem Rumpfdurchmesser mit 3,8 m nicht mehr viel übrig. Selbst die Position der Triebwerke hatte sich geändert. So waren jetzt zwei Mantelstromtriebwerke Perm PS-90A unter den Tragflächen anstelle der drei Triebwerke im Heck vorgesehen. Das Projekt wurde in Jak-242 umbenannt. Ein Prototyp soll gebaut worden sein und der für 1994 vorgesehene Erstflug wurde auf Grund finanzieller Probleme auf unbestimmte Zeit verschoben.

Anfang 1990 wurde die Produktion auf die verbesserte und für Langstrecken-

In Sharjah kann man viele russische Flugzeuge fotografieren, so auch diese Jak-42D aus der Ukraine

flüge ausgelegte Jak-42D umgestellt. Unter anderem erhöhte man die Treibstoffkapazität in den Tragflügeln um 3.100 Liter, was sich in einer größeren Reichweite auswirkte. Die Passagierkabine, die bis zu 120 Passagieren Platz bietet, wurde neu gestaltet und eine neue Innenausstattung eingebaut. Die Aufnahme des Liniendienstes erfolgte 1990. Die Abflugmasse der Jak-42D beträgt 56.500 kg.

Automatische Landungen

Als Weiterentwicklung der Jak-42D gilt die Jak-42A. Sie verfügt über bessere Leistungen und eine modernere Innenausstattung für 140 Passagiere. Durch den Einbau größerer Tanks in den Tragflächen konnte die Reichweite auf 3.780 km erhöht werden. Die Maschine ist für automatische Landungen nach Cat. II-Standard ausgerüstet. Die Produktion soll 1998 aufgenommen worden sein.

Eine Sonderversion stellt die Jak-42F dar, die mit elektro-optischen Geräten zur Umweltbeobachtung ausgerüstet ist.

Die neuste Version, die Jak-142, wurde zunächst mit Jak-42D-100 bezeichnet. Sie ist mit amerikanischer Avionik von Allied Signal mit EFIS-Anzeigen im Cockpit ausgerüstet. Die Abflugmasse wurde auf 57.000 kg erhöht und die Reisegeschwindigkeit konnte auf 740 km/h gesteigert werden. Die Flugerprobung mit einer umgebauten Jak-42 begann Anfang 1993.

1992 kam es zu ersten Bestellungen aus dem Ausland. Die VR China bestellte 50 Yak-42D außerdem kam auch ein Auftrag aus Kuba über sechs Flugzeuge.

Die Produktion der Jak-42 umfaßt bisher 80 Flugzeuge und die der Jak-42D über 105 Maschinen. Bis jetzt sind 17 Bestellungen der Jak-142 bekannt geworden.

JAKOWLEW YAK-42D

Hersteller:	Jakowlew Werk Saratow Rußland
Verwendung:	Kurz- und Mittelstrecken-Verkehrsflugzeug für 120 Passagiere
Besatzung:	Zwei Piloten und drei Flugbegleiter
Triebwerke:	Drei Mantelstromtriebwerke Zaporozhye/Lotarew D-36 mit je 63,74 kN (6500 kp) Standschub

Abmessungen und Leistungen:

Spannweite:	34,88 m
Länge:	6,38 m
Höhe:	9,83 m
Flügelfläche:	150,0 m²
Flächenbelastung:	376,70 kg/m²
Pfeilung:	25 Grad
Rüstmasse:	34.580 kg
max. Startmasse:	56.500 kg
max. Landemasse:	51.000 kg
max. Nutzmasse:	13.000 kg
Tankkapazität:	17.000 Liter
max. Reisegeschwindigkeit:	810 km/h
wirtschaftliche Reisegeschwindigkeit:	740 km/h
Landegeschwindigkeit:	190 km/h
Dienstgipfelhöhe:	9.600 m
Landestrecke:	1.100 m
Reichweite mit maximaler Nutzmasse:	1.300 km
Treibstoffverbrauch im Reiseflug:	3.600 l/h
Erstflug:	1989

Im Einsatz bei:

Aero Asia, Centre-Avia, Chelyabinsk Air Enterprise, Dniproavia, Donbass Eastern Ukrainian Airl., East Line Airlines, Gazpromavia, Irtysh Avia, Kuban Airlines, Saravia, Tatarstan Air, Transaero Express

Lockheed L-1011 TriStar

Die Lockheed L-1011 TriStar stand lange Jahre im Einsatz bei Saudia Airlines. Sie wurde durch die Boeing 777 abgelöst

Die Lockheed TriStar wurde parallel zur MDD DC-10 entwickelt. Auf Grund der Schwierigkeiten, die Rolls-Royce bei der Entwicklung der Triebwerke hatte und einer Fehleinschätzung von Lockheed, konnten die Verkaufszahlen von Lockheed die der DC-10 nicht erreichen, so dass die Produktion nach 250 Exemplaren eingestellt wurde.

Mitte der 60er Jahre schrieben amerikanische Luftfahrtgesellschaften ein Großraumflugzeug für 250 Passagiere aus, das auf Kurz- und Mittelstrecken eingesetzt werden sollte. Als Antrieb waren die treibstoffsparenden und geräuscharmen Turbofans der neuen Generation vorgesehen. Einfache Wartung, kurze Bodenzeiten und automatische Landefähigkeit waren Bedingung.

Im Januar 1966 begann die Entwicklung unter der Bezeichnung Modell 193. Als Antrieb entschied sich Lockheed für das bei Rolls-Royce in der Entwicklung befindliche RB.211, ohne zu ahnen, welchen negativen Einfluß dies auf die Entwicklung der TriStar nehmen würde.

Erste Bestellungen

Bis zum März 1968 konnte Lockheed Bestellungen über 68 TriStar von Eastern Airlines, TWA und Delta Air Lines entgegennehmen. Das Konsortium Air Holdings Ltd. bestellte 50 Maschinen. Air Holdings Ltd. wurde von der britischen Regierung und Lockheed gebildet, um den Verkau des Rolls-Royce RB.211 und der TriStar zu unterstützen.

Am 1. September 1970 hatte die erste L-1011-1 mit der Kennung N1011 in Palmdale ihren Roll-out. Den Erstflug absolvierte sie am 16. November 1970. Angetrieben wurde sie dabei von drei RB.211-22F mit je 162,5 kN Schub.

Im Februar 1971 mußte Rolls-Royce Konkurs anmelden. Mit Unterstützung der britischen Regierung gab es unter dem Namen Rolls-Royce (1971) Ltd. einen Neuanfang. Bedingt durch den Zusammenbruch von Rolls-Royce mußte auch die Produktion der Lockheed TriStar vorübergehend eingestellt werden.

Die erste Serienausführung – TriStar 1 – wurde als Mittelstreckenflugzeug für die amerikanischen Inlandstrecken ausgelegt. Die Startmasse betrug 195.048 kg. Als Antrieb dienten drei Rolls-Royce RB.211-22B/C mit einem Standschub von je 186,8 kN.

Erste vollautomatische Landungen

Die TriStar war das erste Verkehrsflugzeug, das von der FAA für Landungen nach der Kategorie IIIa zugelassen wurde. Bei einem Überführungsflug von Palmdale nach Washington im Jahr 1971 durch eine Testbesatzung von Lockheed griffen die Piloten während des ganzen Fluges, auch nicht beim Start und der Landung, in die Steuerung ein. Es war der erste vollautomatische Flug eines Verkehrsflugzeuges zwischen der Ost- und Westküste der USA.

Auch diese TriStar ist schon Geschichte. LTU fliegt jetzt mit der A330 von Airbus S.A.S.

Eastern Airlines konnte am 5. April 1972 die erste L-1011-1 (N306EA) zur Schulung der Besatzungen übernehmen. Die Maschine verfügte über leistungsstärkere Triebwerke mit je 187 kN. Der Liniendienst wurde am 26. April 1972 auf der Strecke New York–Miami aufgenommen. Am 15. April 1972 erhielt die TriStar die Musterzulassung. TWA übernahm die erste Maschine am 9. Mai 1972 (N31001) und führte ab dem 25. Juni 1972 Linienflüge durch. Anfang 1973 konnte die 100. TriStar ausgeliefert werden.

Bei der L-1011-50 TriStar 50 handelt es sich um den Umbau der TriStar 1 auf ein Startgewicht von 204.120 kg.

Die L-1011-100 TriStar 100 wurde für lange Mittelstrecken ausgelegt und zeichnete sich durch ein höheres Startgewicht aus, das bei der Standardausführung 204.117 kg und mit einem zusätzlichen im Mittelflügel angeordneten Treibstofftank 211.374 kg beträgt. Mit ihr konnte eine Reichweite von rund 5.500 km erzielt werden. Sie kam 1975 zur Auslieferung. Das erste Exemplar ging am 25. Mai 1975 an Saudia.

Die Umbauversion L-1011-150 war ab Sommer 1988 verfügbar. Unter Beibehaltung der bisherigen Triebwerke konnte das Startgewicht durch zahlreiche Verstärkungen und zusätzliche Tanks auf 213.000 kg und die Reichweite auf 5.800 km gesteigert werden.

Nachdem Rolls-Royce das schubstärkere RB-211-524 liefern konnte, baute

Eine Lockheed TriStar von Faucett aus Peru kurz vor dem Aufsetzen auf der Landebahn

Lockheed 1986 die Langstreckenversion L-1011-200 TriStar 200 mit einer Startmasse von 219.500 kg für eine Reichweite bis 7.500 km. Außerdem war sie für den Einsatz von hochgelegenen und heißen Flughäfen vorgesehen. Sie ging ab 1977 in den Liniendienst.

Die erste Interkontinentalversion

Mit der L-1011-500 TriStar 500 kam 1979 die erste Interkontinentalversion auf den Markt. Sie hatte eine Reichweite von rund 10.000 km. Gegenüber der TriStar 1 wurde der Rumpf um 4,11 m verkürzt, die Treibstoffkapazität betrug nun 120.200 Liter. Die Flugmasse lag bei 224.982 kg und als Antrieb kamen RB.211-524B4 mit je 222,4 kN Standschub zum Einbau.

Erstkunde war British Airways, die die TriStar 500 ab Mai 1979 einsetzte. Pan American kaufte 1980 zwölf L-1011-500. Diese unterschieden sich von den anderen L-1011-500 durch eine aerodynamisch verfeinerte Tragfläche mit einer 2,74 m größeren Spannweite.

Delta Airlines ließ 1987 sechs L-1011-1 auf den Standard der L-1011-500 umrüsten. Diese erhielten die Bezeichnung L-1011-250.

Die letzte TriStar verließ im August 1983 die Montagehalle in Palmdale. Von den letzten fünf gebauten TriStar übernahm die jordanische Fluggesellschaft Alia zwischen 1984 und 1985 drei Maschinen. Eine Maschine ging im März 1986 an die Jordanian Royal Flight und die letzte gebaute TriStar im August 1985 an die algeri-

sche Regierung. Im Gegensatz zur DC-10 wurde die TriStar nach Ihrer Außerdienststellung als Passagierflugzeug nicht zum Frachtflugzeug umgebaut.

Insgesamt baute Lockheed 250 TriStar. Die Produktion verteilt sich wie folgt: Ein Prototyp, 161 L-1011-1, 14 L-1011-100, 24 L-1011-200 und 50 L-1011-500.

LOCKHEED TRISTAR 500

Hersteller:	Lockheed Aircraft Corporation, USA
Verwendung:	Mittel- und Langstrecken-Verkehrsflugzeug für 211 bis 345 Passagiere
Besatzung:	Zwei Piloten, ein Bordingenieur und sechs bis neun Flugbegleiter
Triebwerke:	Drei Mantelstromtriebwerke Rolls-Royce RB.211-524B4 mit je 222,4 kN (22.680 kp) Standschub

Abmessungen und Leistungen:

Spannweite:	50,09 m
Länge:	50,05 m
Höhe:	17,01 m
Flügelfläche:	328,97 m²
Pfeilung:	35 Grad
Flächenbelastung:	718,90 kg/m²
Rüstmasse:	110.208 kg
max. Startmasse:	224.982 kg
max. Landemasse:	166.922 kg
max. Nutzmasse:	34.000 kg
Tankkapazität:	120.000 Liter
max. Reisegeschwindigkeit:	925 km/h
Landegeschwindigkeit:	255 km/h
Dienstgipfelhöhe:	13.600 m
Steigleistung:	700 m/min
Reichweite mit voller Nutzmasse:	9.000 km
Treibstoffverbrauch im Reiseflug:	10.500 l/h
Erstflug:	16. Oktober 1978

Im Einsatz bei:

Air Atlanta, Air Transat, American Trans Air, Euroatlantic Airways, Fine Air, Kampuchea Airlines

Raytheon Beech 1900 der Grand Bahama Island rollt zum Start

Nach der Übernahme des Flugzeugherstellers Beechcraft durch Raytheon wurde die Beech 1900 aus der Beech King Air 200 entwickelt und kommt auf Regionalstrecken zum Einsatz.

Ende 1980 begann Beech mit der Entwicklung eines Regionalverkehrsflugzeugs für 19 Passagiere. Die neue Maschine sollte das Commuterflugzeug Beech C 99 ablösen. Die Beech 99 bot Platz für 15 Passagiere. Der Prototyp absolvierte seinen Erstflug im Juli 1966, das erste Serienflugzeug am 2. Mai 1968. Bereits ein Jahr später, am 28. April 1969 konnte das 100. Serienflugzeug ausgeliefert werden. Die 36. Beech 99 aus der Serie diente als Prototyp für die verbesserte Beech 99A, die ab 1969 ausgeliefert

wurde. Die Produktion der Beech 99 umfaßte 239 Flugzeuge und endete 1987.

Firmenübernahme durch Raytheon

Am 8. Februar 1980 wurde Beech vom Elektronikkonzern Raytheon aufgekauft. Die Vermarktung der Flugzeuge wird jedoch unter dem alten Namen als Tochtergesellschaft weitergeführt.

Bei dem neuen Flugzeug handelt es sich um die Weiterentwicklung auf Basis des Turboprop-Geschäftsreiseflugzeugs Beech King Air 200. Der erste Prototyp der Beech King Air 200 flog am 27. Oktober 1972, gefolgt vom zweiten am 15. Dezember 1972. Im März 1974 begannen die Auslieferungen an die Kunden. Die King Air 200 verfügte bereits über eine Druckkabine, die neun bis 13 Passagieren Platz bot.

Die Typenbezeichnung für das neue Flugzeug lautete Beech 1900C Airliner. Rund 45 Prozent der Bauteile der King Air 200 konnten übernommen werden. Der Rumpf wurde um insgesamt 5,5 m verlängert. Auch das Leitwerk wurde erheblich modifiziert. Auffällig sind die beiden Stabilisierungsflossen unter der Höhenflosse. Zwei weitere Stabilisierungsflossen wurden unter dem Rumpfheck angebracht. Mit voller Auslastung hat die Beech 1900C eine Reichweite von 1.700 km. Dies gibt den Betreibern die Möglichkeit, mehrere Streckenabschnitte ohne Nachzutanken mit sehr kurzen Bodenzeit zu bedienen.

Als Antrieb wurden zwei Propellerturbinen PT6A-65B von Pratt & Whitney Canada mit je 809 kW (1.100 WPS) Startleistung ausgewählt. Diese treiben zwei Vier-Blatt-Luftschrauben mit einen Durchmesser von 2,79 m mit Bremsverstellung an.

Der erste Prototyp der Beech 1900C Airliner absolvierte am 3. September 1982 seinen Erstflug, der zweite am 30. November. Die erste größere Modifikation erfolgte Anfang 1983. Damals wurde die maximale Startmasse von 6.915 kg auf 7.530 kg angehoben wurde.

Die FAA (Federal Aviation Administration) erteilte die Typenzulassung am 22. November 1983. Bar Harbor Airlines eröffnete als erste Fluggesellschaft im Februar 1984 den Liniendienst mit der Raytheon Beech 1900C.

Raytheon Beech 1900C-1 von Canadian Frontier auf dem internationalen Flughafen von Ottawa

Raytheon Beech 1900

Einsatz in Deutschland

In Deutschland kamen ab Oktober 1987 zwei Beech 1900C bei Interot, heute Augsburg Airways, zum Einsatz. Diese Flugzeuge wurden allerdings in der Zwischenzeit ausgemustert und durch de Havilland of Canada DHC-8 ersetzt.

Die Beech 1900C wurde nach der Fertigung von 257 Einheiten in der Produktion durch die Beech 1900D ersetzt, die von Beech 1989 angekündigt wurde. Gegenüber der Beech 1900C wurde die Passagierkabine um 36 cm auf 180 cm erhöht. Somit können sich die meisten Passagiere aufrecht in der Maschine bewegen. Der Passagierraum und das Kabinenvolumen erhöhten sich um 28,5 Prozent. Die Kabine wurde vollständig neu überarbeitet und mit einer verbesserten Geräuschisolierung versehen. Außerdem wurden die Fenster vergrößert.

Für den Antrieb kommen leistungsstärkere Triebwerke vom Typ Pratt & Whitney Canada PT6A-67D mit einer Leistung von je 955 kW (1.280 WPS) zum Einbau und die Tragflächen erhielten Winglets. Der druckbelüftete Frachtraum im Heck hat einen Stauraum von 4,95 m³ und ist durch eine vergrößerte Frachttüre zugänglich.

118 Flugzeuge für Mesa Airlines

Der Prototyp, der aus einer Beech 1900C umgebaut wurde, nahm am 1. März 1990 die Flugerprobung auf und ein Jahr später,

Die Aufnahme dieser Raytheon Beech 1900 entstand in Dubai

im März 1991, erhielt die Beech 1900D ihre Typenzulassung. Größter Abnehmer für die Beech 1900D ist Mesa Airlines, die 118 Flugzeuge bestellte und deren erste Maschine im November 1991 ausgeliefert wurde. Die Beech 1900D ist auch in einer Kombiversion für den gemischten Passagier/Frachteinsatz und einer Executivausführung für 12 Passagiere erhältlich. In der Kombiversion wird das Flugzeug mit einer verstellbaren Trennwand in der Kabine und einem vergrößerten Ladetor geliefert. Als Frachtflugzeug hat die Beech 1900 eine Nutzlast von 2.500 kg.

Bei der Beech 1900D handelt es sich um einen Ganzmetalltiefdecker mit rechteckigem Rumpfquerschnitt. Sie verfügt über eine Druckkabine und ein einziehbares Bugradfahrwerk. Die Passagierkabine bietet 19 Fluggästen bei einer Standardeinrichtung je 1+1 Sitze je Sitzreihe Platz. Das Volumen des Laderaums beträgt 5,15 m^3.

In den Tragflächen befinden sich vier Integraltanks mit einem Fassungsvermögen von insgesamt 1.900 Litern.

Einsatz von hochgelegenen Flugplätzen

Beim Einsatz auf hochgelegenen Flughäfen oder beim Betrieb bei hohen Außentemperaturen bieten die Triebwerke genügend Leistungsreserven. Auf Flugplätzen in 1.700 m Höhe über NN und bei einer Außentemperatur von 30 Grad Celcius, benötigt die Beech 1900D eine Startbahnlänge von 1.800 m, in Meereshöhe reichen 1.250 m aus.

Bis Ende 2001 lagen 440 Bestellungen für die Beech 1900D vor, die aber größtenteils ausgeliefert sind, so daß die Produktionsrate auf ein Flugzeug pro Monat gesenkt wurde.

RAYTHEON BEECH 1900D

Hersteller:	Raytheon Aircraft Beech Aircraft Division USA
Verwendung:	Regionalverkehrsflugzeug für 19 Passagiere
Besatzung:	Zwei Piloten
Triebwerke:	Zwei Propellerturbinen Pratt & Whitney Canadian PT6A-67D mit je 941 kW (1279 WPS) Startleistung, Vier-Blatt-Hartzell-Propeller mit 2,8 m Durchmesser

Abmessungen und Leistungen:

Spannweite:	17,7 m
Länge:	17,6 m
Höhe:	4,6 m
Flügelfläche:	29,5 m^2
Flächenbelastung:	260,6 kg/m^2
Rüstmasse:	4815 kg
max. Startmasse:	7688 kg
max. Landemasse:	7530 kg
max. Nutzmasse:	2923 kg
Frachtraum:	4,95 m^3
Tankkapazität:	1617 l
max. Reisegeschwindigkeit:	532 km/h
Landegeschwindigkeit:	175 km/h
Dienstgipfelhöhe:	9144 m
Steiggeschwindigkeit:	13,3 m/sek
Reichweite mit voller Nutzmasse:	900 km
Treibstoffverbrauch im Reiseflug:	385 l/h
Erstflug:	1. März 1990

Im Einsatz bei:
Air Alliance, Air Midwest, Central Mountain Air, Commutair, Continental Express, Eagle Airways, Great Lake Airlines, Gulfstream International Airlines, Impulse Airlines, Mesa Airlines, Regional, Skyway Airlines

Saab 340A in der alten Bemalung der Crossair im Anflug auf Sion

Mit der Saab 340 versuchte der schwedische Hersteller auf dem Markt der Regionalverkehrsflugzeuge Fuß zu fassen, was ihm zunächst auch gelang. Ende der 90er Jahre ging das Interesse der Fluggesellschaften an der Saab 340 zurück und es konnte kein Flugzeug mehr verkauft werden, so dass die Produktion eingestellt wurde.

Gemeinsam mit Fairchild startete Saab im Sommer 1979 die Entwicklung eines Zubringer- und Regionalverkehrsflugzeuges für 35 Passagiere. Die endgültige Auslegung des Entwurfs wurde im September 1980 vorgestellt. Als Antrieb wurde das CT7 von General Electric ausgewählt. Das Flugzeug erhielt die Bezeichnung Saab-Fairchild SF 340. Saab baute den Rumpf und führte die Endmontage durch, während Fairchild die Fertigung des Flügels, des Leitwerks und der Inneneinrichtung durchführte. Die bei Fairchild gefertigten Teile wurden mit dem Schiff von den Vereinigten Staaten nach Schweden gebracht. Als erste Gesellschaft bestellte Crossair im November 1980 fünf Flugzeuge.

Zulassung in den USA

Der Roll-out des Prototyps der SF 340 mit der Zulassung SE-ISF erfolgte am 27. Oktober 1982. Am 25. Januar 1983 startete sie zu ihrem Erstflug. Den dritten Prototyp SE-ISB erhielt Fairchild Industries. In den USA wurde er als N9668N zugelassen. Die Flugerprobung wurde mit insgesamt fünf Flugzeugen durchgeführt und umfaßte

1.730 Flugstunden. Die Erteilung der Musterzulassung erfolgte am 30. Mai 1984. Am 6. Juni 1984 wurde die erste Saab SF 340 (HB-AHA) an Crossair ausgeliefert, die dann ab dem 15. Juni den Liniendienst aufnahm. Die ersten Routen führten von Basel nach Frankfurt und Paris.

Im Oktober 1985 teilten Saab und Fairchild mit, daß Fairchild sich zum 1. November 1985 aus dem gemeinsamen Programm zurückziehen würde. Bis zum 109. Flugzeug arbeitete Fairchild noch als Zulieferer. Ab 1988 wurde die SF 340 komplett in Schweden gefertigt.

In Deutschland erhielt die in Friedrichshafen beheimatete Delta Air am 5. November 1986 die erste von zwei bestellten Saab 340 mit der Zulassung D-CDIA. Die Flüge zwischen Friedrichshafen und Stuttgart sowie Zürich wurden am 27. Januar 1987 aufgenommen.

Auslieferung der 100. Saab 340

Im September 1987 konnte die 100. Saab 340A ausgeliefert werden, sie ging an Salair of Sweden. Nach der Produktion von 160 Saab 340A wurde im August 1989 die Fertigung auf die Saab 340B umgestellt. Die Entwicklung der Saab 340B gab Saab am 9. September 1987 bekannt. Der Erstflug der Saab 340B erfolgte am 21. April 1989. Dabei handelte es sich um den zweiten Prototypen SE-ISA, der zur Saab 340B umgebaut wurde.

Saab 340 mit der Bemalung von Riga Airlines Express

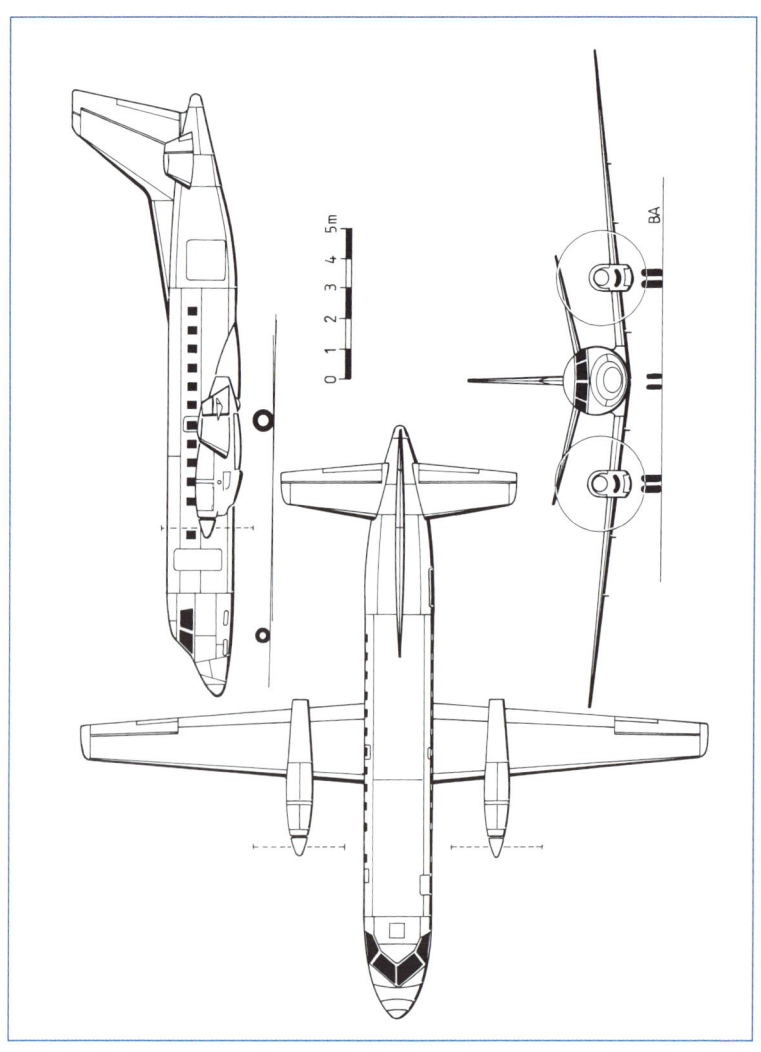

Die Saab 340B weist gegenüber der Saab 340A eine Anzahl von Verbesserungen auf. Als Antrieb kommen leistungsstärkere Triebwerke des Typs GE CT7-9B mit je 1.395 kW (1.870 WPS) Startleistung zum Einbau. Die Leistungsreserven der Triebwerke erlauben einen Start von hochgelegenen Flughäfen und bei hohen Außentemperaturen.

Durch eine wirkungsvollere Schallisolation und ein neuartiges aktives Lärmunterdrückungssystem mit verschiedenen Mikrophonen, konnte der Geräuschpegel gegenüber der Saab 340 nochmals gesenkt werden.

Wiederum war es Crossair, die die ersten Flugzeuge bestellte, und zwar 15 Maschinen. American Eagle erteilte 1989 einen Rekordauftrag über 50 Saab 340B und nahm zusätzlich eine Option über weitere 50 Flugzeuge.

Im Februar 1994 stellte Saab die Saab 340 plus vor, die über verbesserte Leistungen verfügte und Ende 1995 folgte dann noch die Saab 340BP, deren Tragflächenenden vergrößert wurden, was zu besseren Start- und Landeeigenschaften führte.

Bei der Saab 340 handelt es sich um einen Ganzmetalltiefdecker mit kreisförmigem Rumpfquerschnitt mit einem Durchmesser von 2,31 m und einer Druckkabine. Die Kabine weist eine Länge von 10,6 m auf, sie ist 2,2 m breit und 1,8 m hoch. Im Rumpf eingebaut ist eine bordeigene Passagiertreppe, so daß das Flugzeug von den Bodendiensten auf den Flughäfen zum größten Teil unabhängig

ist. In den Tragflächen befinden sich zwei Integraltanks mit einem Fassungsvermögen von 3.340 Litern.

Im September 1999 wurde die letzte von 456 Saab 340 ausgeliefert. Bei Saab ging damit auch die Fertigung von Zivilflugzeugen zu Ende.

SAAB 340B

Hersteller:	Saab Aircraft AB Schweden
Verwendung:	Regionalverkehrsflugzeug für 33 bis 37 Passagiere
Besatzung:	Zwei Piloten und ein Flugbegleiter
Triebwerke:	Zwei Propellerturbinen General Electric CT7-9B mit je 1395 kW (1870 WPS) Startleistung, Propellerdurchmesser 3,4 m

Abmessungen und Leistungen:

Spannweite:	21,44 m
Länge:	19,73 m
Höhe:	6,87 m
Rumpfquerschnitt:	2,31 m
Flügelfläche:	41,81 m²
Flächenbelastung:	302,82 kg/m²
Rüstmasse:	8.036 kg
max. Startmasse	: 12.930 kg
max. Landemasse:	12.701 kg
max. Nutzmasse:	3.400 kg
Tankkapazität:	3.350 l
max. Reisegeschwindigkeit:	531 km/h
Landegeschwindigkeit:	212 km/h
Dienstgipfelhöhe:	7.620 m
Steiggeschwindigkeit:	10,16 m/sek
Reichweite mit 35 Passagieren und Reserven:	1.553 km
Treibstoffverbrauch im Reiseflug:	580 l/h
Erstflug:	21. April 1989

Im Einsatz bei:
Aerolitoral, Air Nelson, American Eagle Airlines, Chautauqua Airlines, Chicago Express Airlines, Swiss, Express Airlines, Golden Air, Japan Air Commuter, Kendell Airlines, Mesaba Airlines, Skyways Express

Diese Saab 2000 flog früher in Crossair-Farben

Auf Grund einer Bestellung von Crossair über 25 Flugzeuge und 25 Optionen startete Saab die Produktion der Saab 2000. Erhebliche Probleme führten zu Lieferverzögerungen und das mangelnde Kundeninteresse an dem Flugzeug dann zur Produktionseinstellung.

Bereits 1985 liefen bei Saab die ersten Überlegungen für ein größeres Nachfolgemuster der Saab 340. Mit einer Passagierzahl zwischen 47 und 58 Personen sollte der neue Typ auf langen Regionalrouten von bis zu 1.800 km eine mit Strahlverkehrsflugzeugen vergleichbare Reisegeschwindigkeit von bis zu 670 km/h erreichen und neue Potentiale und Märkte erschließen. Die Saab 2000 ist für Flugstrecken von rund 90 Minuten Flugzeit ausgelegt. Dank der hohen Steiggeschwindigkeit benötigt sie auf diesen Strecken bei einem rund 30 Prozent geringeren Treibstoffverbrauch nur wenige Minuten mehr als ein Strahlverkehrsflugzeug. Diese Vorteile verdankt sie neben den leistungsstarken Allison AE 2100-Triebwerken vor allem dem neuentworfenen Flügel.

Zusammenarbeit mit der NASA

Durch die Verbindungen zu Fairchild war es möglich mit der NASA zusammenzuarbeiten. Das Ergebnis war ein neues dünneres Flügelprofil, welches exakt auf den Geschwindigkeitsbereich der Saab 2000 zugeschnitten wurde. Die Flügelstreckung der Saab 340 wurde beibehalten, die Spannweite und Flügeltiefe jedoch vergrößert, wodurch eine um 33 Prozent vergrößerte Flügelfläche erzielt wurde. Airbus España in Spanien, wo auch die Serienfertigung erfolgte, führte die Detailentwicklung und die Bruchversuche des Tragflügels durch.

Geringe Lärmentwicklung durch Sechsblattpropeller

Die zum Einbau kommenden, langsam drehenden Sechsblattpropeller von Dowty Aerospace entwickeln wesentlich weniger Lärm als bei vergleichbaren Turboprop-Flugzeugen. Außerdem wurden die beiden Triebwerke nach außen verlegt, womit eine weitere Senkung des Schallpegels in der Kabine erreicht werden konnte. Der Rumpfquerschnitt bei der Saab 340 und Saab 2000 ist identisch. Das Cockpit, die Avionik und die Innenausstattung wurden neu gestaltet. Gegenüber der Saab 340 wurden in der Kabine Staufächer für das Handgepäck eingebaut.

Als absolute Weltneuheit verfügte die Saab 2000 über ein Active Noise Control-System (ANC). Zahlreiche in der Kabine verteilte Mikrofone ermitteln dabei die jeweilige Lärmfrequenz. Ein Mikroprozessor stellt die entsprechende phasenverschobene Gegenfrequenz zusammen, die über die in der Kabinendecke angeordneten Lautsprecher ausgestrahlt wird. Dadurch wird vor allem der niederfrequente Propellerlärm weitgehend unterdrückt. Das durchschnittliche Kabinengeräusch wird

Der Prototyp der Saab 2000 (SE-001) während eines Testflugs

um rund acht dB/A, das bedeutet fast 80 Prozent gesenkt.

Das Seitenleitwerk wird bei Valmet in Finnland gefertigt, der hintere Teil des Rumpfes bei Westland in England. Saab zeichnet für den Rest des Rumpfes, die Installation der Systeme, die Endmontage und das Einfliegen verantwortlich.

Großauftrag von Crossair

Crossair, die schon eine große Flotte der Saab 340 im Einsatz hatte, unterzeichnete Ende 1988 eine Absichtserklärung über den Kauf von 25 Flugzeugen und auf weitere 25 wurden Optionen aufgenommen. Dies war mit ausschlaggebend für den Produktionsstart der Saab 2000 im Mai 1989. Die Fertigung des ersten Prototypen begann im Februar 1990. Für die dynami-

schen und statischen Belastungsversuche wurden zwei Bruchzellen gebaut, die ab 1991 getestet wurden.

Am 26. März 1992 führte der Prototyp 001 seinen Erstflug durch, gefolgt vom Prototyp 002 am 4. Juli und dem Prototyp 003 am 28. August 1992. Prototyp 004 flog am 17. März 1993 zum ersten Mal.

Während der Erprobungsflüge stellte sich heraus, daß die mechanisch angetriebene Höhensteuerung (Mechanical Elevator Control System/ MECS) nicht störungsfrei arbeitete. Dies hatte zur Folge, daß Saab die Zulassung des Flugzeugs nicht rechtzeitig abschließen konnte.

Fly-by-wire-Steuerung

Mit der neu entwickelten Fly-by-wire-Steuerung (Powered Elevator Control System/

Saab 2000 der Crossair als Werbeträger für das Musical »Phantom der Oper«

PECS) wurden die Prototypen 002 und 003 ausgerüstet. Im Mai 1994 erhielt die Saab 2000 jedoch eine eingeschränkte Zulassung für die MECS-Version. Die vier Prototypen absolvierten bis Ende Juli 1994 insgesamt 2.700 Flugstunden, bei denen die geforderten Flugleistungen erzielt oder sogar übertroffen werden konnten.

Am 30. August 1994 konnte Crossair die erste Saab 2000 (HB-IZC, Werknummer 006) übernehmen. Die Auslieferung erfolgte mit rund einem Jahr Verspätung. Fünf Saab 2000, die noch über die MECS-Steuerung verfügten, wurden für fünf Jahre von Saab gemietet. Die PECS-Version erhielt im Dezember 1994 ihre Zulassung.

Mangelnde Nachfrage

Die anfängliche Fertigungsrate für 1995 betrug drei Maschinen pro Monat. Am 29. Juni 1995 konnte Crossair das zehnte Exemplar übergeben werden. Allerdings ließen weitere größere Aufträge auf sich warten und auch Crossair übernahm nur einen Teil der 25 Optionen. Crossair war mit 29 Maschinen größter Saab 2000-Betreiber. Die Deutsche BA verkaufte ihre fünf Einheiten an die französische Regional Airlines, die mit zehn Maschinen somit zweitgrößter Betreiber wurde. Der Konkurrenzdruck der neu auf den Markt gekommenen Regionaljets ließ jedoch in der Folge weitere größere Aufträge ausbleiben. So entschied sich Saab Anfang 1998, nach Auslieferung der letzten Maschinen im Juli 1999 die Produktion der Saab 340 und Saab 2000 einzustellen und sich komplett aus der Herstellung von Verkehrsflugzeugen zurückzuziehen. Von der Saab 2000 wurden nur 60 Einheiten gebaut.

SAAB 2000	
Hersteller:	Saab Aircraft AB Schweden
Verwendung:	Regionalverkehrsflugzeug für 50 bis 58 Passagiere
Besatzung:	Zwei Piloten und zwei Flugbegleiter
Triebwerke:	Zwei Propellerturbinen Allison GMA 2.100A mit je 3096 kW (4.152 WPS) Startleistung, Propellerdurchmesser 4,2 m

Abmessungen und Leistungen:

Spannweite:	24,76 m
Länge:	27,03 m
Höhe:	7,73 m
Flügelfläche:	55,74 m^2
Flächenbelastung:	395,0 kg/m^2
Leermasse:	12.700 kg
Rüstmasse:	13.900 kg
max. Startmasse:	22.800 kg
max. Landemasse:	21.500 kg
max. Nutzmasse:	5.900 kg
Höchstgeschwindigkeit:	678 km/h
max. Reisegeschwindigkeit:	653 km/h
Landegeschwindigkeit:	200 km/h
Dienstgipfelhöhe:	9450 m
Steiggeschwindigkeit:	11,8 m/sek
Steigzeit auf 6100 m Höhe:	10 min
Startstrecke auf Meereshöhe:	1.425 m
Landestrecke auf Meereshöhe:	1295 m
Reichweite mit voller Nutzmasse:	1.850 km
Treibstoffverbrauch im Reiseflug:	1.000 l/h
Erstflug:	26. März 1992

Im Einsatz bei:
Air Italy, Air Jet, Blue 1, Europe Air Charter, Golden Air, JCAB Flight Inspection, General Motors Corporation, Lithuanian Airlines, Regional, Saab Aircraft Leasing, Swiss

Eine Tupolew Tu-134A-3 in den Farben von Tajikistan Airlines, aufgenommen in Sharjah

Das Kurz- und Mittelstreckenflugzeug Tu-134 wurde bis 1985 gebaut und an fast alle Fluggesellschaften des damaligen Ostblocks verkauft. Heute ist der Typ veraltet und es stehen noch rund 200 Flugzeuge vor allem in den Nachfolgestaaten der UdSSR im Einsatz. Im Westen sieht man das Flugzeug aufgrund der Lärmvorschriften nur noch selten.

Am 17. Juni 1955 startete das erste Strahlverkehrsflugzeug der UdSSR, die Tupolew Tu-104 zu ihrem Erstflug. Sie war eine zivile Weiterentwicklung des Bombers Tu-16.

Die Serienfertigung der für 70 Passagiere ausgelegten Tu-104A begann im März 1957. Insgesamt verließen 207 Tu-104 aller Versionen die Fertigung. Die letzte Maschi-ne wurde im Mai 1961 an die Aeroflot ausgeliefert.

Aus ihr entwickelte Tupolew die Tu-124, ein Kurz- und Mittelstreckenflugzeug für 44 bis 60 Passagiere. Die Tu-124 mit der Zulassung CCCP-45000 absolvierte am 24. März 1960 ihren Erstflug. Angetrieben wurde sie von zwei Solowjow D-20P Mantelstromtriebwerke mit 4.990 kp Standschub. Die Reichweite betrug 2.500 km. Bei der Aeroflot nahm sie am 2. Oktober 1962 auf der Strecke Moskau–Tallinn den Liniendienst auf. Die Produktion der Tu-124 umfaßte 112 Serienflugzeuge.

Entwicklung aus der Tu-124

Die Tu-134 wurde Ende 1961 aus der Tu-124 für den Kurz- und Mittelstreckenbereich entwickelt und bot in den ersten Versionen bei einer maximalen Startmasse von 44.000 kg 68 Passagieren Platz. Sie ist eines der am meisten verbreiteten Strahlverkehrsflugzeuge aus der ehemaligen UdSSR.

Zwei Rümpfe der Tu-124 wurden aus der Fertigung genommen und für Versuche verwendet. Hinter dem Cockpit verlängerte man den Rumpf um zwei Meter. Außer dem Rumpf hatte die Tu-134 mit der Tu-124 jedoch nichts mehr gemeinsam, obwohl sie ursprünglich noch als Tu-124A bezeichnet wurde. Als Antrieb kamen zwei Solowjew D-30 mit je 66,7 kN (6800 kp) Standschub zum Einbau. Die Tu-134 war das letzte Flugzeug, das noch von A.N. Tupolew mitentwickelt wurde.

Der mit voller Aeroflot-Bemalung versehene erste Prototyp mit der Zulassung CCCP-45075 startete am 7. Dezember 1963 zu seinem Jungfernflug. Geflogen wurde er von dem Testpiloten A. D. Kalina. Der Prototyp war noch mit zwei Solowjow D-20P Triebwerke ausgerüstet, wie sie auch in der Tu-124 verwendet wurden. Am 16. Dezember 1963 flog dann bereits der zweite Prototyp (CCCP-45076). An der Flugerprobung beteiligten sich auch fünfzehn Vorserienflugzeuge, die mit dem leistungsstärkeren Solowjow D-30 ausgerüstet waren, das auch bei der Serie eingebaut wurde. Die erste Vorserienmaschine (CCCP-65600) kam im Frühjahr 1965 aus der Fertigung, die in Charkow durchgeführt

Tupolew Tu-134A-3 der Perm Airlines auf der Startbahn West in Frankfurt

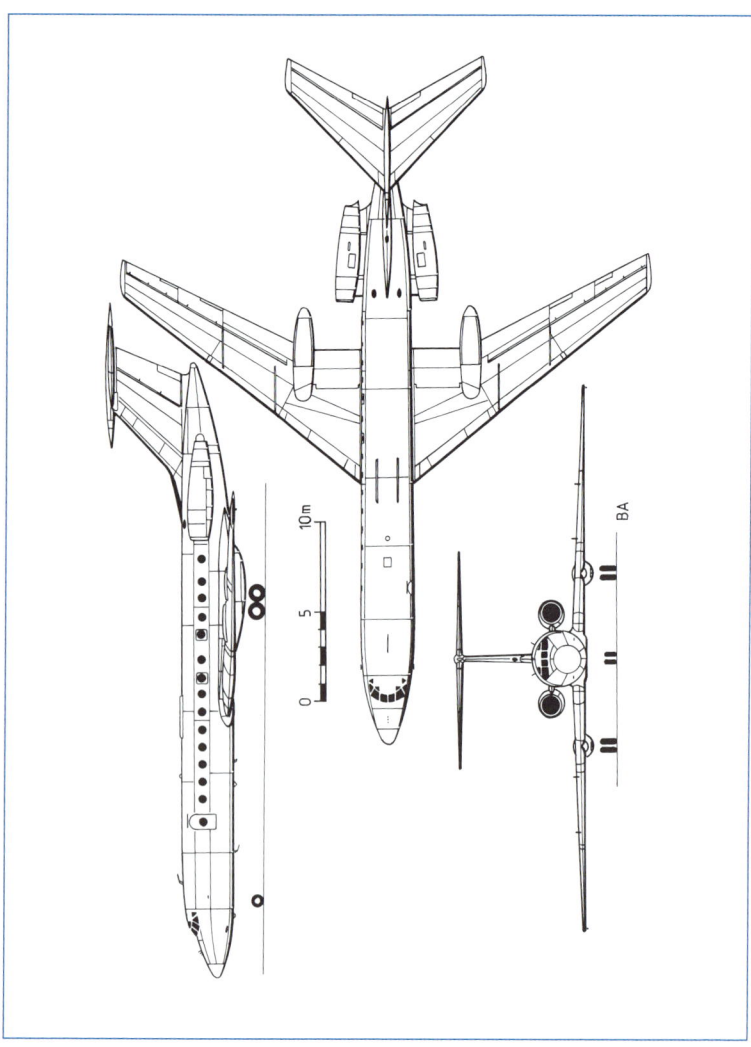

10m

5

0

BA

Tupolew Tu-134A der Air Ukraine

wurde. Die Erprobung fand in Shukowskij durch das Flugforschungsinstitut LII statt.

Ankunft im Westen

Mit der Ankunft auf der Luftfahrtschau in Paris-Le Bourget im Juli 1965 landete der Prototyp der Tu-134 zum ersten Mal im Westen. Bevor die Tu-134 bei der Aeroflot in den Liniendienst übernommen wurde, flog sie zwei Jahre nur mit Luftfracht. Am 26. August 1967 kam die CCCP-65600 zum ersten Linieneinsatz auf der Strecke von Moskau nach Murmansk. Der erste Linienflug ins westliche Ausland führte am 11. September 1967 nach Stockholm. Auch bei den anderen Fluggesellschaften des ehemaligen Ostblocks wurde sie ab 1968 zum Standardverkehrsflugzeug. Einzig Rumänien wählte ein westliches

Muster, die BAC 1-11, die auch in Rumänien in Lizenz als RomBac 1-11 gefertigt wurde. Mit 36 Flugzeugen hatte Interflug die größte Anzahl an Tu-134 außerhalb der UdSSR im Einsatz. Ab 1969 kam das verbesserte Triebwerk D-30 Serie II zum Einbau, das mit einer pneumatischen STM-10-Startvorrichtung und einer Schubumkehrvorrichtung ausgerüstet war. Diese bestand aus zwei schließbaren Innenklappen und Umlenkgittern.

Die Tu-134A mit einem um 2,10 Meter verlängerten Rumpf und einer maximalen Startmasse von 49.000 kg flog erstmals im April 1970. Als Prototyp diente die Tu-134 CCCP-65624. Den Erstflug führte Nikolai Charitonow durch. Sie konnte bis zu 76 Passagiere befördern. Um der er-

Baltic International aus Lettland betreibt diese Tu-134B-3

höhten Startmasse Rechnung zu tragen, mußte das Hauptfahrwerk verstärkt werden. Die Haupträder und das Bremssystem übernahm man von der Iljuschin Il-18. Um auf den Flugplätzen von Bodenaggregaten unabhängig zu werden erhielt die Tu-134A das TA-8 Hilfsaggregat. Die Tankkapazität beträgt 13.000 Liter. Ab November 1970 flog sie bei der Aeroflot im Liniendienst.

Später gebaute und umgerüstete Tu-134A, die mit dem leistungsstärkeren Triebwerk D-30 Serie III, das über eine zusätzlichen Turbinenstufe verfügte, ausgerüstet waren, erhielten die Bezeichnung Tu-134A-3.

Überarbeitung des Entwurfs

Eine Überarbeitung des Entwurfs wurde ab 1980 durchgeführt. Das Ergebnis war die Tu-134B. Das markante Merkmal der Tu-134, der verglaste Bug, wurde durch eine Kunststoffabdeckung ersetzt, hinter der sich das von der Tu-154 übernommene Radarsystem befand. Die Auslegung des Cockpits wurde modernisiert, so daß die Anzahl der Besatzungsmitglieder von fünf auf drei reduziert werden konnte. Durch den Einbau des neuen leistungsfähigen Radars war auch die Anwesenheit eines Navigators nicht mehr notwendig. Zur Verbesserung der Manövrierfähigkeit der Tu-134B am Boden, wurde die Bugradlenkung modifiziert. Gegenüber der Tu-134A konnte bei der Tu-134B der Tankinhalt auf 18.000 Liter gesteigert werden. Wie bei der Tu-134A gibt es auch bei der Tu-134B eine Version, die mit dem D-30 Serie III-Triebwerk ausgerüstet ist. Diese Version führt die Bezeichnung Tu-134B-3.

Technische Beschreibung

Bei der Tu-134 handelt es sich um einen freitragenden Tiefdecker in Schalenbauweise. Der Rumpf weist einen Durchmesser von 2,9 Metern auf und ist druckbelüftet. Der druckbelüftete Bereich erstreckt sich vom Cockpit bis auf die Höhe des Niederdruckverdichters der Triebwerke. Die Kabine hat eine Länge von 13,85 m, eine Breite von 2,71 m und ist 1,95 m hoch. Bei der Tu-134A beträgt die Kabinenlänge 16,0 m. Markantes Merkmal ist die starke Pfeilung der Tragflächen und der verglaste Rumpfbug. Das Hauptfahrwerk mit insgesamt zehn Rädern wird in große Radkästen an der Tragflächenhinterkante eingezogen. Die Tu-134 verfügt über zwei Frachträume mit einem Volumen von 14,5 m³. Diese befinden sich vor und hinter der Passagierkabine. Der Treibstoff ist in sechs Flügeltanks untergebracht.

Insgesamt wurden von der Tu-134 bis zur Produktionseinstellung Anfang 1985 insgesamt 853 Flugzeuge gebaut. Die heute noch im Einsatz stehenden Maschinen werden zum großen Teil von den Nachfolgegesellschaften der Aeroflot betrieben.

Die Flugzeugreparaturwerft in Minsk bietet seit dem Sommer 2003 den Umbau der Tu-134 auf D436T1-Triebwerke an, die den internationalen Lärmbestimmungen entsprechen. Belavia plant als erster Kunde seine Tu-134 mit dem neuen Triebwerk auszurüsten.

TUPOLEW TU-134B-3

Hersteller:	Tupolew Werk Charkow, UdSSR
Verwendung:	Mittelstrecken-Verkehrsflugzeug für 90 Passagiere
Besatzung:	Zwei Piloten, ein Flugingenieur sowie drei bis fünf Flugbegleiter
Triebwerke:	Zwei Turbofantriebwerke Solowjew D-30 Serie III mit je 69,3 kN (7.075 kp) Standschub

Abmessungen und Leistungen:

Spannweite:	29,01 m
Länge:	37,32 m
Höhe:	9,14 m
Rumpfquerschnitt:	2,90 m
Flügelfläche:	127,30 m²
Pfeilung:	35 Grad
Flächenbelastung:	385 kg/m²
Rüstmasse:	28.600 kg
max. Startmasse:	49.000 kg
max. Landemasse:	43.000 kg
Tankkapazität:	18.800 l
Höchstgeschwindigkeit:	900 km/h
Reisegeschwindigkeit:	800 km/h
Landegeschwindigkeit:	240 km/h
Dienstgipfelhöhe:	12.000 m
Steigleistung:	850 m/min
max. Reichweite:	3700 km
Reichweite mit maximaler Nutzmasse:	2.600 km
Treibstoffverbrauch im Reiseflug:	3.600 l/h
Erstflug des Tu-134 Prototyps:	7. Dezember 1963

Im Einsatz bei:

Aeroflot, Air Kharkov, Air Moldova, Azerbaijan Airlines, Belavia, Kalinigradavia, Komiinteravia, Pulkovo Aviation Enterprise, Samara Airlines, Tyumen Airlines, Voronezhavia, Yamal Airlines

Eine Tu-154 der bulgarischen VIA hebt von der Startbahn West ab

Die Tu-154 flog fast bei jeder Fluggesellschaft des ehemaligen Ostblocks, wird aber jetzt immer mehr durch modernes Fluggerät, vor allem von westlichen Herstellern, ersetzt. Die Produktion erfolgte, wenn auch nur in geringen Umfang, Ende der 90er Jahre noch immer. Wie viel Maschinen noch im Einsatz stehen ist nicht genau bekannt.

Die Tupolew Tu-104 absolvierte ihren Erstflug am 17. Juni 1955 und wurde von der Aeroflot als Mittelstreckenflugzeug für 50 Passagiere am 15. September 1956 in Dienst gestellt. Der Rumpf hatte eine Länge von 38,47 Meter. Die Tu-104A konnte bei gleicher Rumpflänge bereits 70 Passagiere befördern. Die Tu-104B, die 1959 in Dienst gestellt wurde hatte einen um 1,14 Meter

verlängerten Rumpf. Sie bot 100 Passagieren Platz und hatte eine Reichweite von 4.000 km. Angetrieben wurde sie von zwei Mikulin RD-3M Strahltriebwerken mit einem Standschub von 6804 kp.

Als Nachfolgemuster für die Tu-104A entstand Mitte der 60er Jahre die Tu-154. Die ersten Informationen über das neue Flugzeug wurden 1966 bekannt. Sie war neben der Tu-134 das am meisten verbreitete Strahlverkehrsflugzeug im Ostblock. Der Erstflug des Prototyps mit dem Kennzeichen CCCP-85000 erfolgte am 3. Oktober 1968 unter der Leitung von Yu V. Sukhanov. Später beteiligten sich an der Flugerprobung noch weitere fünf Prototypen und Vorserienflugzeuge. Ihr Debüt im Westen gab sie im Juni 1969 auf dem Aero Salon in Paris-Le Bourget. Ab Juli

1971 ging die siebte Tu-154 bei der Aeroflot in die Streckenerprobung, die wie bei der Tu-134 zuerst im Frachtdienst erfolgte. Ab dem 9. Februar 1972 wurde dann der Einsatz im Liniendienst auf nationalen Strecken innerhalb der UdSSR aufgenommen. Der erste internationale Flug fand am 1. August 1972 statt und führte nach Prag. Ab 1972 wurde der Export zum Einsatz bei den Fluggesellschaften befreundeter Staaten freigegeben. Zu den ersten Kunden gehörte Balkan Bulgarian Airlines.

Wetterradar im Bug

Wie bei der Tu-134 weisen bei der Tu-154 die Tragflächen eine ausgeprägte Pfeilung auf. Ein weiteres Merkmal der Tupolew-Flugzeuge, der verglaste Bug, fehlte bei der Tu-154. Stattdessen hatte sie von Beginn an eine Bugabdeckung aus Kunststoff, hinter der sich das Wetterradar befindet. Die erste Ausführung bot 144 Passagieren Platz und hatte eine Startmasse von 86.000 kg. Die Reichweite lag bei 3.800 km. Angetrieben wird sie von drei Mantelstromtriebwerken Kuznjetzow NK-8-2 mit je 93,16 kN (9500 kp) Standschub. Die Tu-154 kann von Flugplätzen aus eingesetzt werden, die nur über Kies- oder Erdpisten verfügen.

Der Basisausführung Tu-154 folgte im Linieneinsatz ab April 1974 die Tu-154A, deren maximale Startmasse auf 90.000 kg erhöht wurde. Der Erstflug fand Ende 1973

In München entstand die Aufnahme dieser Tu-154M der Estonian Airlines aus Estland

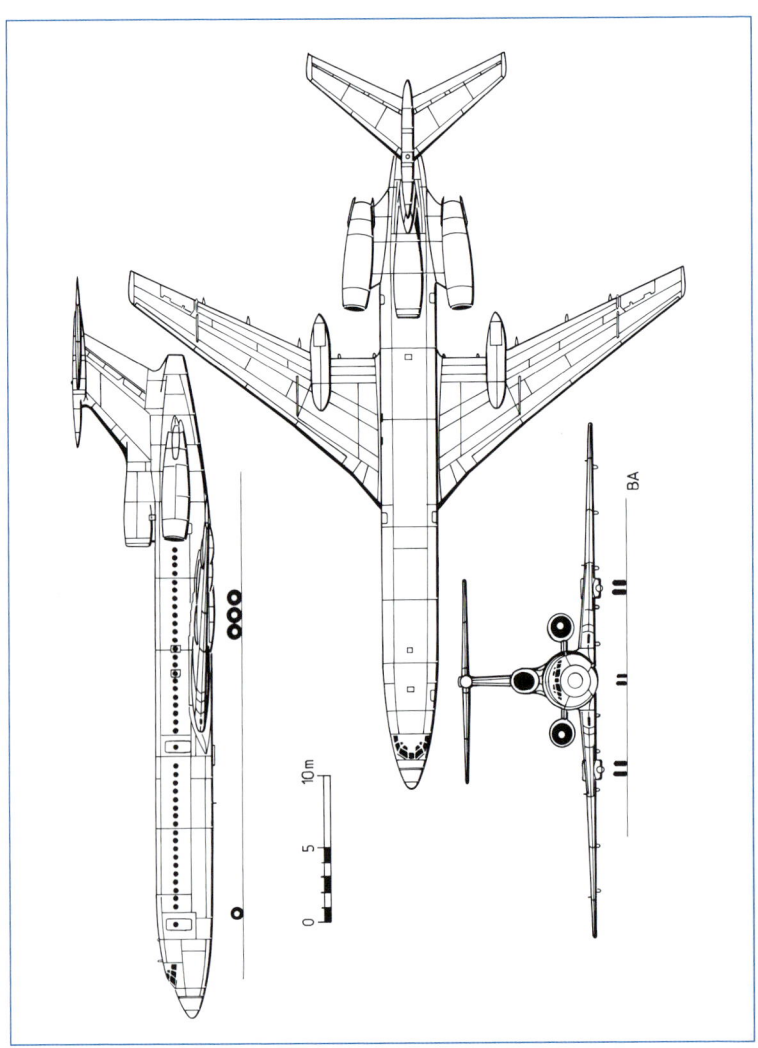

10 m

5

0

BA

statt. Sie erhielt einen zusätzlichen Treibstofftank im Tragflügelmittelstück und leistungsstärkere Kuznjetzow NK-8-2U mit je 103 kN (10.500 kp) Standschub. In der Tu-154A fanden 152 Passagiere Platz. Bei der Aeroflot kam diese Variante ab dem 27. März 1974 zum Linieneinsatz.

Ab 1976 kam die Tu-154B zur Auslieferung. Die Startmasse konnte dank der leistungsstärkeren Kuznjetzow NK-8-4 Triebwerke mit einen Standschub von je 103 kN nochmals um 6.000 kg auf 96.000 kg erhöht werden. Durch eine Verlängerung des Rumpfes um 10 cm hinter dem Tragfliigel konnte die Anzahl der Passagiere auf 169 erhöht werden, was noch zwei zusätzliche Notausstiege erforderte, die vor den Triebwerken angeordnet wurden. Die Tu-154B wurde noch zweimal modifiziert. Ab 1976 kam die Tu-154B-1 und ab 1977 die Tu-154B-2 zur Auslieferung. Bis zur Ablösung durch die Tu-154M wurden 605 Maschinen gebaut.

Die Tu-154 wird modifiziert

Als letzte Version kam ab 1984 die zuerst als Tu-164 bezeichnete Tu-154M zur Auslieferung. Die Serienfertigung wurde Ende 1983 aufgenommen und Aeroflot erhielt die beiden ersten Serienmaschinen am 27. Dezember 1984. Ab 1985 wurde die Maschine auch für den Export freigegeben.

Die Tu-154M ist die modernste Serienausführung und weist gegenüber den frü-

Kras Air betreibt 19 Tu-154M auf ihren Strecken

heren Varianten zahlreiche technische Verbesserungen auf. An den Tragflächen wurden größere Spoiler und kleinere Vorflügel angebaut sowie die Form der Kanten an der Tragflächennase geändert und die Pfeilung der Tragflächen am Rumpfanschluß vergrößert. Die Triebwerksverkleidungen für das leistungsstärkere Solowjew D-30KU-154 mit 107,9 kN (11.500 kp) Standschub übernahm man von der Il-62M. Auch die gesamte Schubumkehrvorrichtung stammt von der Il-62M. Die neuen Triebwerke verbrauchten 20 Prozent weniger Treibstoff als die bisherigen, wodurch sich die Reichweite um 1.000 km erhöhte. Die Ansaugöffnung für das Hilfsaggregat wurde in die Rumpfseitenwand verlegt.

Der früher vorhandene Bremsschirm entfiel, so daß auch die dafür vorgesehene Verkleidung an der Wurzel der Seitenflosse nicht mehr benötigt wurde. Bei der Fertigung wurden neue Methoden eingeführt und die Ruderflächen mit Wabenkern hergestellt.

Die im Cockpit eingebauten Geräte wurden durch moderne Avionik ersetzt, was zur Folge hatte, daß man die Besatzung von fünf auf drei Mann reduzieren konnte. Die Kabine wurde für maximal 180 Passagiere ausgelegt. Die Tu-154M kann eine Entfernung bis zu 5.000 km zurücklegen.

Unter der Bezeichnung Tu-154S wurde eine unbekannte Anzahl älterer Tu-154 zu Frachtflugzeugen mit einem Frachttor

Maschinen des Typs Tu-154B waren über viele Jahre Hauptbestandteil der Flotte von Balkan Airlines

auf der linken Rumpfseite umgebaut. Diese können eine Nutzmasse von 20.000 kg oder aber neun Standardpaletten befördern.

Technische Beschreibung

Bei der Tu-154 handelt es sich um einen Tiefdecker in Ganzmetallbauweise. Der Rumpf hat einen Durchmesser von 3,8 Metern. Die Passagierkabine hat eine Länge von 27,0 Metern, eine Breite von 3,60 Metern und ist 2,02 Meter hoch.

Im unteren Rumpfbereich befinden sich fünf Frachträume mit einem Volumen von 39 m³. Die Tankkapazität beträgt bei den frühen Modellen 40.000 Liter, bei der Tu-154M 49.625 Liter. Die Hydraulikanlage besteht aus drei unabhängigen Kreisen und die Steuerung wird von Servogeräten unterstützt. Das Hauptfahrwerk hat je Einheit sechs Räder und das Bugfahrwerk Doppelbereifung.

Erprobung mit Wasserstoffantrieb

Bei der Erprobung mit Wasserstoff angetriebener Flugzeuge war Tupolew führend. Bereits 1988 wurde die eine umgebaute Tu-154 mit der Bezeichnung Tu-155 auf der ILA in Hannover vorgestellt. Das rechte Triebwerk der Tu-155 konnte wahlweise mit Wasserstoff, verflüssigtem Erdgas oder Kerosin betrieben werden. Das Triebwerk wurde bei Kuznjetzow entwickelt und hatte die Bezeichnung NK-88. Der Erstflug fand am 15. April 1988 statt. Die Erprobung wurde in der Zwischenzeit eingestellt.

Von der Tu-154 wurden mindestens 1.029 Maschinen gebaut und davon rund 100 Flugzeuge ins Ausland verkauft. Bis Ende 2000 lag die Anzahl der gebauten Tu-154M bei 424 Einheiten.

TUPOLEW TU-154M

Hersteller:	Tupolew Werk Kuibischew UdSSR
Verwendung:	Mittelstrecken-Verkehrsflugzeug für 154 bis 175 Passagiere
Besatzung:	Zwei Piloten und ein Flugingenieur sowie vier bis sechs Flugbegleiter
Triebwerke:	Zwei Mantelstromtriebwerke Solowjew D-30KU-154-III mit je 103 kN (10.506 kp) Standschub

Abmessungen und Leistungen:

Spannweite:	37,55 m
Länge:	48,00 m
Höhe:	11,40 m
Rumpfquerschnitt:	3,80 m
Flügelfläche:	201,45 m²
Pfeilung:	35 Grad
Flächenbelastung:	496,40 kg/ m²
Rüstmasse:	58.800 kg
max. Startmasse:	100.000 kg
max. Landemasse:	80.000 kg
max. Nutzmasse:	19.300 kg
Tankkapazität:	42.900 l
Höchstgeschwindigkeit:	990 km/h
max. Reisegeschwindigkeit:	880 km/h
Landegeschwindigkeit:	250 km/h
Dienstgipfelhöhe:	12.800 m
Steigleistung:	600 m/min
Reichweite mit 12.000 kg Nutzmasse:	5.200 km
Treibstoffverbrauch:	6.200 l/h
Erstflug:	1982

Im Einsatz bei:
Aeroflot, Aeroflot-Don, Belavia, China United Airlines, KMV, Kras Air, Kyrghyzstan Airlines, Pulkovo Aviation Enterprise, Sibir Airlines, Ural Airlines, Uzbekistan Airways, Vnukovo Airlines

Die russische KMV ist eine der wenigen Fluggesellschaften, die die Tupolew Tu-204 im Einsatz haben

Die Tu-204 sollte die Tu-154 auf den Mittelstrecken ablösen. Um sie für den westlichen Markt interessant zu machen, ist die Tu-204 auch mit westlicher Avionik und Rolls-Royce Triebwerken erhältlich. Der Verkaufserfolg läßt aber bis heute auf sich warten, so dass die Produktion für ein Jahr eingestellt wurde.

Die Tupolew Tu-204 ist als Nachfolgemuster für die Tu-154 vorgesehen. Die Planungen für die neue Maschine begannen Anfang der achtziger Jahre. Erste Details wurden im Frühjahr 1985 bekannt. Der Rumpf hat einen ovalen Querschnitt mit einer Breite von 3,8 m und einer Höhe von 4,1 m. Die Kabine ist für 214 Passagiere ausgelegt und die Reichweite liegt bei 3.500 km. Die Auslegung des Cockpits wurde westlichem Standard angepaßt. Es verfügt über sechs Farbbildschirme, Fly-by-wire-Steuerung, Head-Up-Display und eine vollautomatische Landeeinrichtung.

Die Prototypen besaßen noch eine alternative Steuerung über mechanische Verbindungen zu den hydraulischen Ruderservos. Im Unterschied zum Airbus A320 gibt es ein Reservesystem, mit dem sich analoge Signale zu den Rudern leiten lassen. Der Sidestick wurde in einer Tu-154B, (CCCP-85083) erprobt.

Tragflächen mit superkritischem Profil

In den mit einem superkritische Profil ausgebildeten Tragflächen sind drei Integraltanks mit einem Fassungsvermögen von insgesamt 40.500 Liter untergebracht. Im Höhenleitwerk befindet sich ein Trimmtank. Zur Gewichtsreduzierung wurden Kunststoffe eingesetzt.

In den Unterflurfrachträume der Tu-204 können LD-3-Containern befördert werden. In der Nähe der Ladeluken sind herausnehmbare Leitungen mit Bedienpulten installiert, über die man sowohl Luken als auch den Ladevorgang steuern kann.

Im Mai 1987 wurde in Uljanowsk mit dem Bau einer Bruchzelle der Tu-204 begonnen.

Durch Probleme bei der Entwicklung des Triebwerkes PS-90A von Solowjew verzögerte sich auch die Fertigstellung der Tu-204, so daß der Jungfernflug mit der CCCP-64001 erst am 2. Januar 1989 in Shukowski durchgeführt werden konnte.

An Bord der Maschine waren Chefpilot A. Talalakin, Co-Pilot W. Matwejew, der Bordingenieur W. Solomatin, Navigator A. Nikolajew und der leitende Ingenieur M. Pankewitsch. Der Flug dauerte 32 Minuten. Der Prototyp der Tu-204 wurde in der Flugerprobungsbasis der Firma ANTK „A.N. Tupolew" in Shukowski bei Moskau gebaut.

Dies war seit dem Erstflug der Tu-154 im Jahre 1968, wieder zum erstenmal, daß bei Tupolew ein neues Verkehrsflugzeug die Flugerprobung aufnahm. Im Juni 1989 stellte Tupolew die Tu-204 in Le Bourget vor. Zu diesem Zeitpunkt hatte sie 33 Flüge absolviert. Die erste Vorserienmaschine, gebaut im Flugzeugwerk Ulja-

Von der Tu-214 wurden bis jetzt nur zwei Maschinen gebaut

nowsk (CCCP-64003) flog im August 1990. Eine zweite Bruchzelle wurde am 1. Oktober 1990 an Bord einer An-124 ins Sibirische Forschungsinstitut Luftfahrt nach Nowosibirsk zur Ermüdungserprobung gebracht.

Aufnahme der Einsatzerprobung

Vnukovo Airlines übernahm am 9. August 1993 zwei Tu-204 (RA-64011, RA-64012) zur Zulassungs- und Einsatzerprobung. Bereits im Dezember 1993 erhielt Vnukovo Airlines ihre erste eigene Tu-204 (RA-64013).

Um die Finanzierung zu sichern wurde beschlossen, kommerzielle Flüge zuzulassen. Orjol-Avia ließ die in ihrem Besitz befindliche Tu-204 mit der Kennung RA-64010 zu einer Frachtmaschine umbauen. Am 2. März 1994 wurde die vorläufigen Zulassung für fünf Tu-204 zum Einsatz auf Frachtflügen durch die Zulassungsbehörde erteilt.

Die Arbeiten zum Erlangen der Typzulassung wurden im September 1994 beendet und Anfang 1995 erhielt die Tu-204 die Zulassung. Großen Anteil daran hatte Vnukovo Airlines, bei der die Einsatzerprobung durchgeführt wurde. Zuletzt wurde auch noch die staatliche Transportgesellschaft ROSSIA eingebunden.

Am 31. März 1994 beschloß man die Produktion der Tu-204-200 mit einer Startmasse von 108.500 kg und vergrößerter Reichweite aufzunehmen. Ihren Erstflug absolvierte die auch mit Tu-214 bezeichnete Maschine am 22. März 1996. Beide Versionen, die Tu-204-100 und Tu-204-200 (Tu-214) sind mit russischen Triebwerke und russischer Avionik ausgerüstet. Der

Tupolew Tu204-100 mit Solowjet PS-90A-Triebwerken

Ein weiterer Betreiber der Tupolew Tu204-100 ist Kras Air. Hier eine der Maschinen im Landeanflug

Erstflug der erstem Tu-214 aus der Serie fand Anfang 2001 statt. Zwei Maschinen wurden ausgeliefert. Im Juni 2003 bestellte Omsk Airlines vier Tu-214.

Einbau von Rolls-Royce Triebwerken

Die PS-90A Triebwerke entsprachen in Bezug auf Leistung und Wirtschaftlichkeit nicht den Vorstellungen. Daraufhin fiel die Entscheidung zum Einbau des Rolls-Royce RB211-535E. Rolls-Royce stellte Tupolew zwei Mock-up's der Triebwerke zur Verfügung, mit deren Hilfe neue Triebwerksaufhängungen konstruiert wurden. Von Seiten Rolls-Royce mußten die Triebwerke mit einem Flansch für eine zusätzliche Hydraulikpumpe ergänzt werden.

Die Avionik wird je nach Wunsch von einem russischen Hersteller oder Rockwell-Collins aus den USA geliefert. Die maxim-ale Startmasse liegt bei 107.900 kg und die Reichweite bei 8.000 km.

Zur Erprobung wurde der sechste Prototyp der Tu-204 (CCCP-64006) umgebaut. Er erhielt die Typenbezeichnung Tu-204-120, wird aber auch als Bravia Tu-224 bezeichnet. Der Roll-out erfolgte am 1. August 1992. Die erste Tu-204-120 startete 14. August 1992 in Shukowski zu ihrem Erstflug.

Um die Tu-204 mit dem Rolls-Royce Antrieb besser vermarkten zu können, wurde im April 1992 die Firma Bravia (British Russian Aviation Corporation) gegründet, an der sich zu je 50 Prozent westliche und russische Investoren beteiligten. Dies sind im einzelnen das Konstruktionsbüro Tupolew, der russische Flugzeughersteller Aviastar, Rolls-Royce sowie der Londoner Finanzkonzern Fleming.

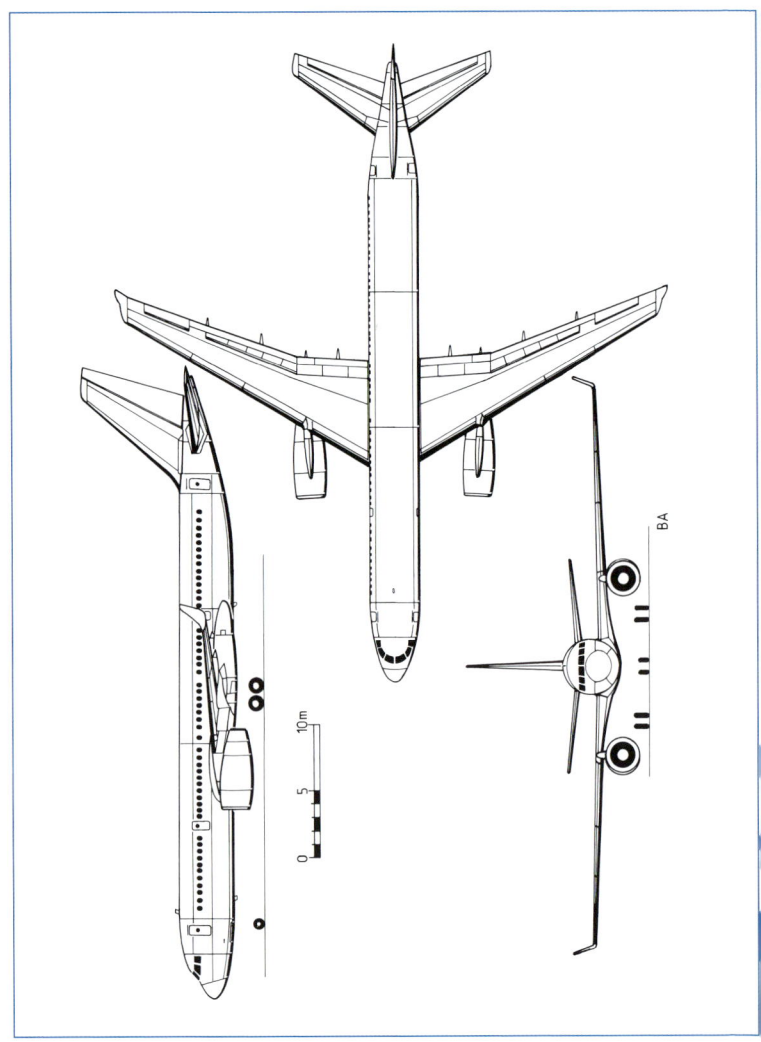

TU-204 in den Farben der Bravia

Tupolew bietet auch die Frachtvariante Tu-204-100C an. Im Rumpfvorderteil befindet sich das 2,19 x 3,40 m große Ladetor, und über die gesamte Rumpflänge erstreckt sich ein mit Rollen bestückter Boden, der das Verschieben von Paletten und Containern erleichtert.

Die Langstreckenvariante führte zunächst die Bezeichnung Tu-234. Heute wird sie mit Tu-204-300 bezeichnet. Sie hat gegenüber der Tu-204-100 einen um sechs Meter verkürzten Rumpf und eine Abflugmasse von 103.000 kg. Die Reichweite liegt bei 9.250 km. Diese Version bietet Platz für 120 bis 170 Passagieren. Die Tupolew Tu-204-300 absolvierte im September 2003 ihren Erstflug. Transaero hat einen Leasingvertrag über die Lieferung von vier Tu-204-300 im Jahr 2004 und weitere sechs in den folgenden Jahren unterzeichnet.

Die genaue Anzahl der bis jetzt gebauten Flugzeuge ist nicht bekannt. Anhand der Zulassungen lassen sich zumindest 25 Flugzeuge nachweisen, die bis Ende 1997 geflogen sind. Ende 1999 wurde die Produktion der Tu-204 für mindestens ein Jahr unterbrochen. Die ägyptische Kato-Gruppe bestellte 30 Flugzeuge und erteilte auf 200 weitere eine Option. An Hand der bekannten Flugzeuge, kann es aber nicht zum Bau dieser Flugzeuge gekommen sein.

TUPOLEW TU-204

Hersteller:	Tupolew Werk Ulyanowsk Rußland
Verwendung:	Mittelstrecken-Verkehrsflugzeug für 170 bis 214 Passagiere
Besatzung:	Zwei Piloten und acht Flugbegleiter
Triebwerke:	Zwei Mantelstromtriebwerke Perm (Solowjew) PS-90A mit je 156,9 kN (16.000 kp) Standschub

Abmessungen und Leistungen:

Spannweite:	42,47 m
Länge:	46,22 m
Höhe:	13,88 m
Rumpfquerschnitt:	3,80 m
Flügelfläche:	168,60 m²
Pfeilung:	25 Grad
Flächenbelastung:	640,60 kg/m²
Rüstmasse:	7.000 kg
max. Startmasse:	93.850 kg
max. Landemasse:	87.500 kg
max. Nutzmasse:	21.000 kg
Tankkapazität:	40.500 l
max. Reisegeschwindigkeit:	850 km/h
wirtschaftliche Reisegeschwindigkeit:	810 km/h
Landegeschwindigkeit:	240 km/h
Dienstgipfelhöhe:	12.200 m
Steigleistung:	700 m/min
Reichweite mit maximaler Nutzmasse:	2.500 km
Treibstoffverbrauch im Reiseflug:	5.000 l/h
Erstflug:	2. Januar 1989

Im Einsatz bei:
Air Cairo, KMV, Kras Air, Sibir Airlines, Sirocco Aerospace, Tupolew, Vnukovo Airlines

Register